Inhaltsverzeichnis

Zuordnungen 2	**Konstruktion von Dreiecken** 38
Zuordnungen und ihre Beschreibung 2	Kongruente Figuren 38
Proportionale Zuordnungen 4	Kongruenz zweier Dreiecke 40
Antiproportionale Zuordnungen............. 6	Kongruenzsätze für Dreiecke 42
Dreisatz-Verfahren 8	
	Beschreibende Statistik 44
Rationale Zahlen 10	Besondere Werte einer Datenmenge........... 44
Ordnen und Vergleichen................... 10	Vergleichen von Datenmengen............... 46
Koordinatensystem....................... 12	
Addition und Subtraktion.................. 14	**Terme und einfache Gleichungen**............ 48
Multiplikation und Division 16	Terme 48
Rechengesetze und Vorrangregeln 18	Termumformungen....................... 50
	Inhaltliches Lösen von Gleichungen 52
Geometrische Grundkonstruktionen 20	Rechnerisches Lösen von Gleichungen 54
Entdeckungen an Geradenkreuzungen 20	
Winkel in eckigen Figuren 22	**Tests** 56
Winkelhalbierende 24	Zuordnungen 56
Mittelsenkrechte 26	Rationale Zahlen 57
Seitenhalbierende 28	Geometrische Grundkonstruktionen 58
	Prozentrechnung 59
Prozentrechnung 30	Konstruktion von Dreiecken................ 60
Anteile und Prozente 30	Beschreibende Statistik 61
Grundaufgaben der Prozentrechnung......... 32	Terme und einfache Gleichungen 62
Sachaufgaben zur Prozentrechnung 34	Jahrgangsstufentest 63
Vermehrter und verminderter Grundwert 36	

Dieses Heft gehört: _____ Klasse: _____

2

Zuordnungen

Zuordnungen und ihre Beschreibung

▶ Grundwissen

Zuordnungen kann man z. B. mithilfe von Diagrammen, Tabellen, Rechenvorschriften und Texten darstellen. ☐ wahr ☐ falsch

Eine Zuordnung weist jedem Wert einer Menge einen oder mehrere Werte einer anderen Menge zu. ☐ wahr ☐ falsch

▶ **Auftrag:** Kreuze an.

Trainieren und Festigen

1 Verbinde die Begriffe für die es eine sinnvolle Zuordnung gibt. Formuliere deine Zuordnungen mit Worten.

Preis in Euro   Bus   Anzahl an Brötchen   Tag   Datum   Abfahrtszeit   Nummer   Schüler

_____

_____

_____

_____

2 Temperaturverlauf

a) Welche Größen werden hier einander zugeordnet?

_____

_____

b) Wann wurde die höchste Temperatur gemessen?

_____

c) Wie groß war die höchste Temperatur?

_____

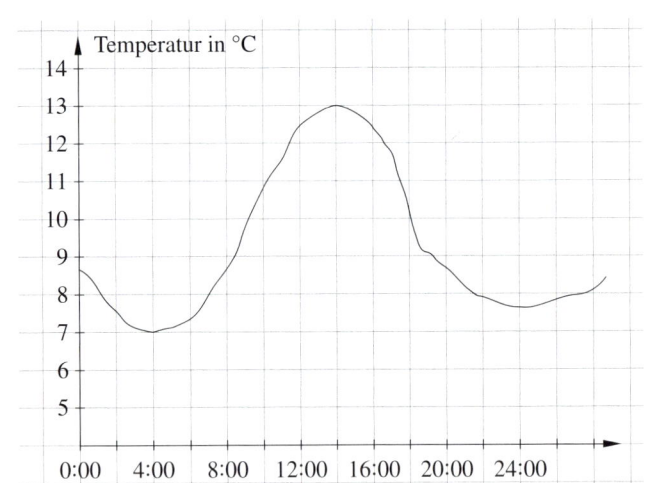

3 Ordne den natürlichen Zahlen von 5 bis 10 ihr Dreifaches zu.

x	5	6	7	8	9	10
y						

4 In einem Supermarkt kostet eine Tafel Schokolade 70 ct.
Ergänze die Tabelle so, dass man den Preis für 1 bis 10 Tafeln Schokolade ablesen kann.

Anzahl der Tafeln	1	2	3	4	5	6	7	8	9	10
Preis in Euro										

Anwenden und Vernetzen — Zuordnungen und ihre Beschreibung

Anwenden und Vernetzen

5 Fahrpläne von Zügen

a) Wo starten die beiden Züge?

Der ICE 940 startet in _____ .

Der ICE 845 startet in _____ .

Wo enden die beiden Züge?

Der ICE 940 fährt bis _____ .

Der ICE 845 fährt bis _____ .

Wo begegnen sich die beiden Züge?

Die Züge begegnen sich in _____ .

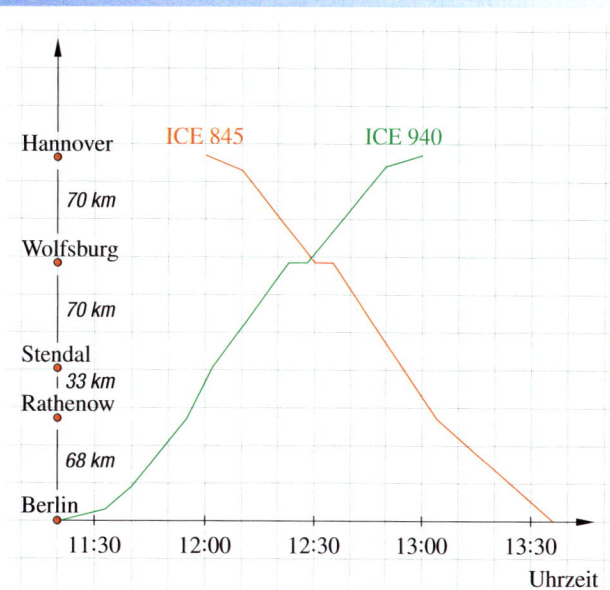

b) Erstelle einen Plan, wann die Züge die Bahnhöfe der folgenden Städte passieren.

	Berlin	Rathenow	Stendal	Wolfsburg	Hannover
ICE 940					
ICE 845					

c) Wie viele Kilometer fahren die Züge von Berlin bis Hannover?

_____

d) Wie viel Zeit benötigen die Züge etwa für die genannte Strecke?

Der ICE 940 benötigt etwa _____ . Der ICE 845 benötigt etwa _____ .

Welcher Zug ist schneller? Der ICE _____ ist schneller als der ICE _____ .

6 Zu einem der folgenden Diagramme passt der Anfang der Geschichte.
Setze die Geschichte passend zu diesem Diagramm fort.

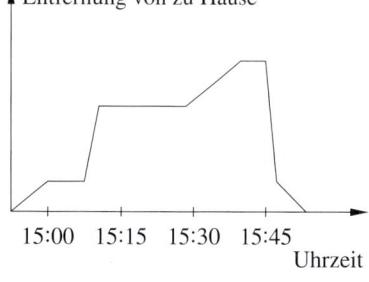

Anne läuft von zu Hause zur Bahn. Sie wartet an der Haltestelle etwa 7 min.
Dann fährt sie mit der Bahn eine Station.

_____

_____

_____

_____

4 Zuordnungen — Trainieren und Festigen

Proportionale Zuordnungen

▶ **Grundwissen**

Bei einer proportionalen Zuordnung folgt aus der Verdopplung (Verdreifachung, …) des Ausgangswertes die Verdopplung (Verdreifachung, …) des zugeordneten Wertes. Halbiert (drittelt, …) man den Ausgangswert, so wird auch der zugeordnete Wert halbiert (gedrittelt, …).
Im Koordinatensystem liegen alle zugehörigen Punkte auf einem Strahl, der im Ursprung beginnt.

Beispiel:

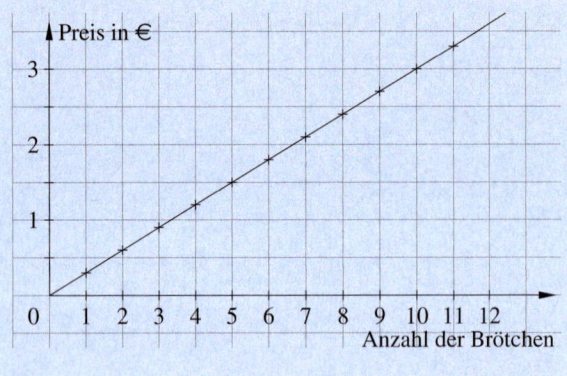

Anzahl der Brötchen	3		1
Preis in Euro	0,90 €	3,60 €	

▶ **Auftrag:** Vervollständige das Beispiel.

Trainieren und Festigen

1 Ergänze die Tabellen zu proportionalen Zuordnungen. Überlege dir jeweils eine passende Aufgabenstellung.

a)
Anzahl Brötchen	1	2	4	5
Preis in €		1,00		

b)
Zeit in min	5	10	15	20
Wasser in l	20			

c)
Arbeitszeit in h	10	20	30	40
Lohn in €	80			

d)
Volumen in cm³	5	10	30	40
Masse in g			330	

e)
Länge in m	1	3		30
Masse in kg	3		15	

f)
Zeit in min		60		180
Weg in km	1		6	12

2 Veranschauliche die Zuordnungen im Koordinatensystem. Kreuze an, ob sie proportional sind oder nicht.

a)
x	1	2	3	4	5	6
y	0,5	1	1,5	2	2,5	3

☐ proportional ☐ nicht proportional

b)
x	1	2	3	4	5	6
y	2	3	3,5	4	5	5,5

☐ proportional ☐ nicht proportional

c)
x	1	2	3	4	5	6
y	1,5	2	2,5	3	3,5	4

☐ proportional ☐ nicht proportional

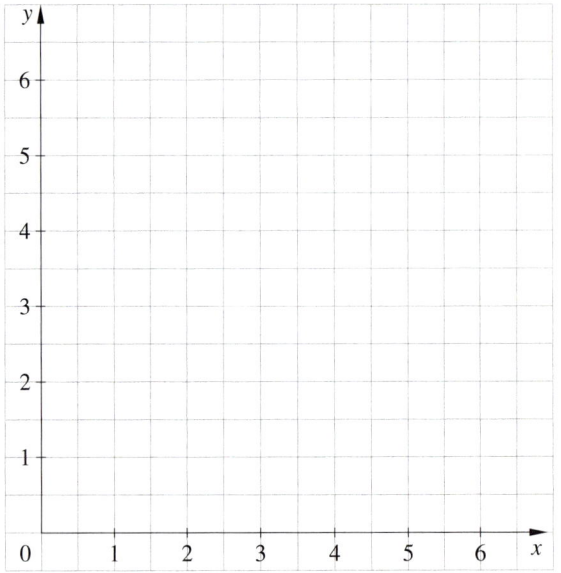

Anwenden und Vernetzen — Proportionale Zuordnungen 5

Anwenden und Vernetzen

3 Einwohnerzahlen einiger großer Städte

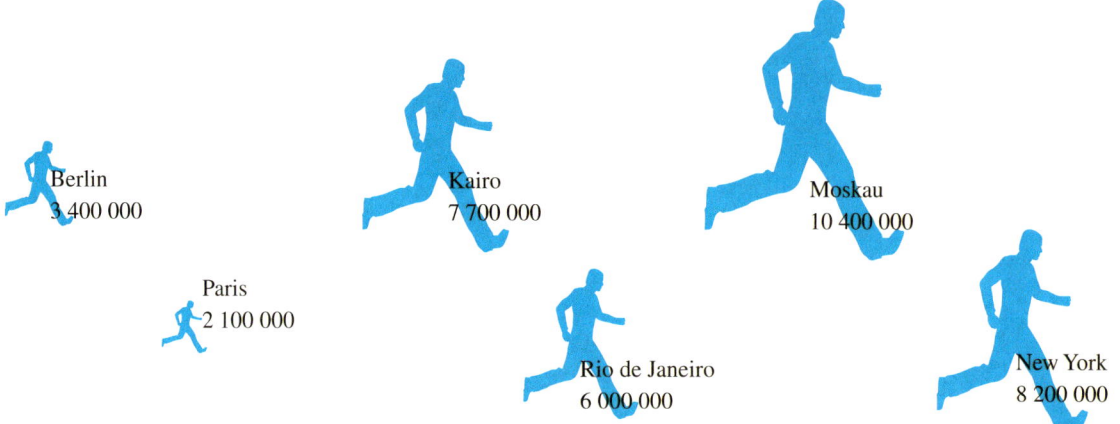

- Berlin 3 400 000
- Kairo 7 700 000
- Moskau 10 400 000
- Paris 2 100 000
- Rio de Janeiro 6 000 000
- New York 8 200 000

a) Die Einwohnerzahlen wurden hier durch die Größe der Person dargestellt.
Miss die Höhe der Person und ergänze die Tabelle.

Stadt	Einwohner	Höhe der Person
Berlin	3 400 000	1,2 cm
Kairo		
Moskau		
Paris		
Rio de Janeiro		
New York		

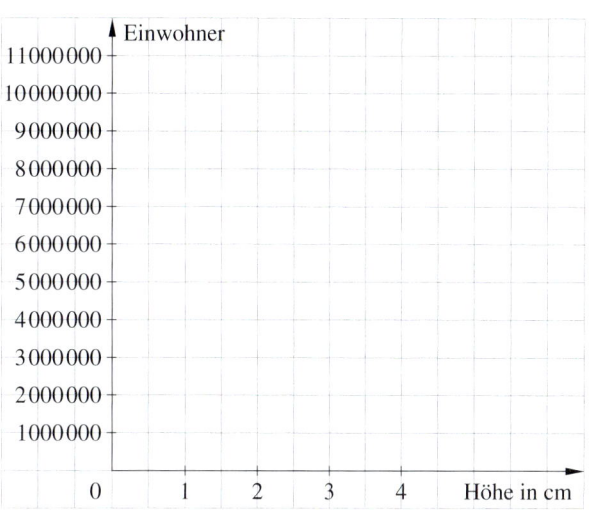

b) Moskau hat etwa 5-mal so viele Einwohner wie Paris. Findest du, dass die Größe der Person das gut verdeutlicht? Begründe.

_____

_____

_____

_____

4 Beim Obstgroßhändler bezahlt ein Einzelhandelskaufmann für 10 kg Weintrauben 12 €. Der Wiederverkaufspreis ist um die Hälfte höher.

a) Wie viel kostet 1 kg Weintrauben im Geschäft?

_____

b) Ergänze die Tabelle.

Masse	50 kg	200 kg			2,5 kg
Großhandelspreis			360,00 €		
Einzelhandelspreis				9,00 €	

6 Zuordnungen — Trainieren und Festigen

Antiproportionale Zuordnungen

▶ Grundwissen

Bei einer antiproportionalen Zuordnungen folgt aus der Verdoppelung (Verdreifachung, …) des Ausgangswertes die Halbierung (Drittelung, …) des zugeordneten Wertes. Halbiert (drittelt, …) man den Ausgangswert, so wird der zugeordnete Wert verdoppelt (verdreifacht, …).
Im Koordinatensystem liegen alle zugehörigen Punkte auf einer Kurve, die sich für sehr kleine x-Werte der y-Achse und für sehr große x-Werte der x-Achse annähert.

Beispiel:

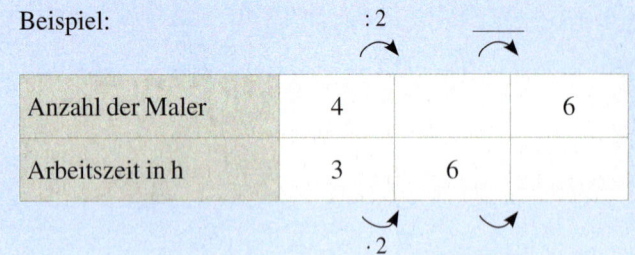

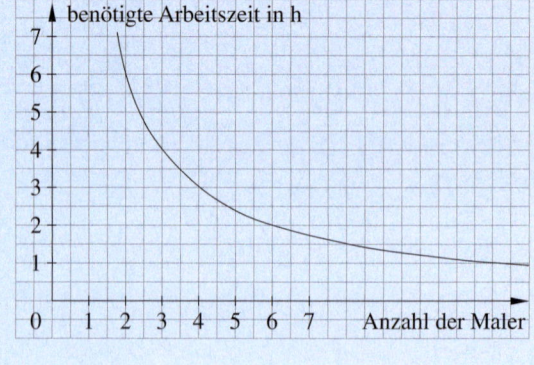

▶ **Auftrag:** Vervollständige die Tabelle und trage entsprechende Punkte ins Koordinatensystem ein.

Trainieren und Festigen

1 Ergänze die Tabellen zu antiproportionalen Zuordnungen. Gib die Produkte der einander zugeordneten Werte an.

a)
Anzahl der Schüler	1	2	4	5
Preis pro Schüler in €	100			

Das Produkt einander zugeordneter Werte ist _____

b)
Anzahl der Arbeiter	1	2	3	5
Arbeitsdauer in h	30			

Das Produkt einander zugeordneter Werte ist _____

c)
Anzahl der Tiere	24	12	6	3
Futtervorrat in Tagen		4		

Das Produkt einander zugeordneter Werte ist _____

d)
Verbrauch pro 100 km in l	5	10	20	40
Fahrstrecke in km				20

Das Produkt einander zugeordneter Werte ist _____

2 Veranschauliche die Zuordnungen. Kreuze an, ob sie antiproportional sind oder nicht.

a)
x	6	4	3	2	1,5	1
y	1	1,5	2	3	4	6

☐ antiproportional   ☐ nicht antiproportional

b)
x	0,6	1	1,2	2	2,4	4
y	4	2,4	2	1,2	1	0,6

☐ antiproportional   ☐ nicht antiproportional

c)
x	1	2	3	4	5	6
y	0,5	1	1,5	2	2,5	3

☐ antiproportional   ☐ nicht antiproportional

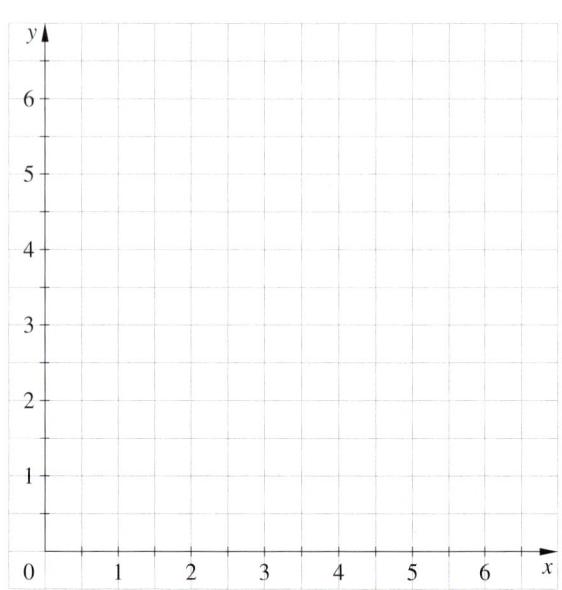

Anwenden und Vernetzen   Antiproportionale Zuordnungen 7

Anwenden und Vernetzen

3 In einer Buchbinderei werden 1 000 Schulbücher verpackt.
Ein Paket aus 1 000 Büchern wäre sehr schwer.
Man teilt deshalb die Bücher auf.

a) Ergänze die Tabelle.

Anzahl der Pakete	2	4	5	8	10				
Anzahl der Bücher in einem Paket						40	25	20	10

b) Welche Pakete aus Teilaufgabe a könntest du tragen, wenn ein Buch etwa 500 g wiegt? Begründe.

_____

_____

4 Entscheide, ob die folgenden Zuordnungen proportional (p), antiproportional (a) oder keines von beidem sind.
Begründe deine Entscheidungen.

a) Preis für ein Brot – Preis für viele gleiche Brote ☐ p ☐ a

_____

b) durchschnittliche Geschwindigkeit – benötigte Fahrzeit bei gleich langer Strecke ☐ p ☐ a

_____

c) Dicke eines Buches – Höhe eines Stapels aus diesen Büchern ☐ p ☐ a

_____

d) Größe eines Trinkglases – Anzahl der Gläser, die durch eine 1-l-Flasche gefüllt werden können. ☐ p ☐ a

_____

e) Alter eines Menschen – Körpergröße eines Menschen ☐ p ☐ a

_____

5 Gekrümmte Linie

a) Lies aus dem Diagramm sechs Wertepaare ab und untersuche, ob die Zuordnung antiproportional ist.

x						
y						

b) Erfinde eine Geschichte zur gekrümmten Linie.

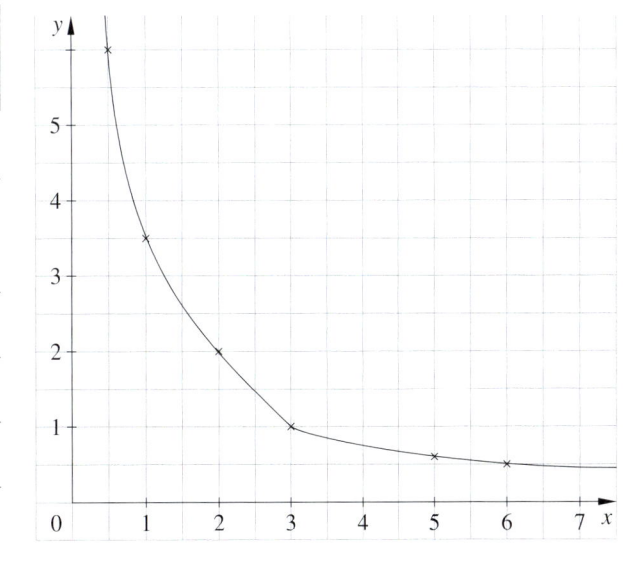

_____

_____

_____

8 Zuordnungen — Trainieren und Festigen

Dreisatz-Verfahren

▶ **Grundwissen**

1. Schritt beim Dreisatz-Verfahren: Schreibe das gegebene Wertepaar auf.
2. Schritt beim Dreisatz-Verfahren: Berechne den Wert für eine Einheit.
3. Schritt beim Dreisatz-Verfahren: Berechne den gesuchten Wert.

Beispiele: Proportionale Zuordnung

Anzahl der Stifte	Preis in Euro
6	12,00
1	
7	

(:6 ; ·7)

Antiproportionale Zuordnung

Anzahl der Maschinen	Arbeitsdauer in h
3	21
1	
7	

(:3 ·7 ; ·3 :7)

▶ **Auftrag:** Ergänze mithilfe des Dreisatz-Verfahrens die Tabellen.

Trainieren und Festigen

1 Ergänze die Tabellen zu proportionalen Zuordnungen.

a)
Anzahl	Masse in kg
8	8,8
1	
6	

b)
Zeit in h	Gebühr in €
3	1,50
1	
7	

c)
Menge in l	Preis in €
3	3,60
1	
4	

2 Ergänze die Tabellen zu antiproportionalen Zuordnungen.

a)
Anzahl der Lkws	Arbeitsdauer in h
5	4
1	
2	

b)
Anzahl der Drucker	Arbeitsdauer in h
2	6
1	
3	

c)
Anzahl der Maurer	Arbeitsdauer in h
10	9
1	
9	

3 Entscheide zuerst, ob eine proportionale oder antiproportionale Zuordnung vorliegt. Löse die Aufgaben danach mithilfe des Dreisatz-Verfahrens.

a) Der Futtervorrat reicht für 2 Katzen 15 Tage. Nach wie vielen Tagen ist er aufgebraucht, wenn eine dritte Katze mitgefüttert wird?

☐ proportionale Zuordnung ☐ antiproportionale Zuordnung

Bei 3 Katzen ist der Vorrat nach _____ Tagen aufgebraucht.

Anzahl der Katzen	Futtervorrat in Tagen
2	
1	
3	

b) 7 Schälchen des Katzenfutters kosten 3,50 €. Wie viel kosten 10 Schälchen?

☐ proportionale Zuordnung ☐ antiproportionale Zuordnung

10 Schälchen Katzenfutter kosten _____ .

Anzahl der Schälchen	Preis in €
7	
1	
10	

Anwenden und Vernetzen | Dreisatz-Verfahren **9**

Anwenden und Vernetzen

4 Wende das Dreisatz-Verfahren an.

a) 5 Mädchen wollen mit einem 5-Personenticket der Bahn für 15,00 € fahren.
Sara bezahlt für drei Kinder.
Johanna übernimmt den Rest.
Wie viel zahlt Sara und wie viel Johanna?

Anzahl der Personen	Preis in €

b) Schüler stellen für eine Theateraufführung 4 Reihen mit je 24 Stühlen auf.
Wie viele Stühle hätten in einer Reihe gestanden, wenn sie die gleiche Anzahl in 6 Reihen aufgestellt hätten?

Anzahl der Reihen	Stühle je Reihe

c) Aus 20 l Milch lässt sich rund 1 kg Butter herstellen.
Wie viel Liter Milch werden für ein Stück Butter (250 g) benötigt?

Butter in g	Milch in l

5 Der Boden eines Raumes wurde mit 80 Platten, die 400 cm² groß sind, gefliest.

a) Wie viele 500 cm² große Platten hätte man dafür mindestens benötigt?

b) Gib mögliche Maße des Raumes in Metern an.

Flächeninhalt in cm²	Anzahl der Platten

6 Mit einem Zug wird bei einer Durchschnittsgeschwindigkeit von 100 km pro Stunde das Ziel nach 24 h erreicht.

a) Wie lange benötigt ein Flugzeug mit einer Durchschnittsgeschwindigkeit von 1 200 km pro Stunde für die gleiche Strecke?

Geschwindigkeit in $\frac{km}{h}$	Zeit in h

b) Wie lange benötigt das Flugzeug mit einer Durchschnittsgeschwindigkeit von 600 km pro Stunde für die gleiche Strecke?

c) Wie lange benötigen die Flugzeuge bei a) und b) für eine Strecke, die nur halb so lang ist?

Wichtig: Auf Seite 56 kannst du dein Wissen zum gesamten Kapitel 1: „Zuordnungen" testen.

10 Rationale Zahlen

Ordnen und Vergleichen

▶ Grundwissen

Die _____ Zahlen bilden zusammen mit den positiven Zahlen und der Null die Menge der rationalen Zahlen ℚ, dazu gehören z. B.: −6,4; −$\frac{1}{2}$; −0,2; 0; 2,8; 4.
Mithilfe von Zahlengeraden lassen sich die Zahlen gut vergleichen.

Je weiter rechts eine Zahl steht, desto _____ ist sie.

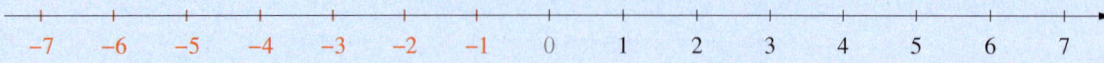

Den Abstand einer Zahl zu null nennt man _____ der Zahl.
Beispiel: |3| = 3 |−3| = 3

▶ **Auftrag:** Ergänze.

Trainieren und Festigen

1 Veranschauliche folgende Zahlen auf der Zahlengeraden.   2; −1,5; −7; 11; 7; −12; −14; 5,5; 0

2 Gib jeweils zwei ganze Zahlen an, die zwischen den gegebenen Zahlen liegen.

a) Zwischen −3 und 1 liegen _____ b) Zwischen 2 und −2 liegen _____

c) Zwischen −3 und −6 liegen _____ d) Zwischen −7 und 0 liegen _____

e) Zwischen 0 und −5 liegen _____ f) Zwischen 1 und −4 liegen _____

3 Gib jeweils den Betrag an.

a) |7| = _____   b) |−7,7| = _____   c) |−111| = _____   d) |−10,5| = _____

4 Vergleiche.

a) 15 > −7   b) −3,5 ⬚ 3,5   c) −8 ⬚ −7   d) −6,2 ⬚ −6

e) −40 ⬚ −4   f) −4 ⬚ −3,7   g) |−7| ⬚ 5   h) |−3| ⬚ 2

5 Welche Zahl könnte die gesuchte Zahl sein? Gib, wenn möglich, mehrere Beispiele an.

a) Anne sucht eine Zahl, die einen Abstand von drei zu −2 hat. _____

b) Bert sucht eine Zahl, die einen Abstand von fünf zu 0 hat. _____

c) Carina sucht eine Zahl, die einen Abstand von drei zu −1 hat. _____

d) Denise sucht eine Zahl, die einen Abstand von siebzig zu −3 hat. _____

6 Ordne die Zahlen.   −5; 13; −2,7; 3,3   _____

Anwenden und Vernetzen | Ordnen und Vergleichen 11

Anwenden und Vernetzen

7 Gib zuerst die Zahl an, die zum Sachverhalt gehört.
Schreibe danach die Gegenzahl auf. Welche Bedeutung könnte die Gegenzahl haben?

a) 2 300 € Guthaben   Zahl: _____   Gegenzahl: _____

   Bedeutung der Gegenzahl: _____

b) 7,5 % Zunahme   Zahl: _____   Gegenzahl: _____

   Bedeutung der Gegenzahl: _____

c) 3 °C unter Null   Zahl: _____   Gegenzahl: _____

   Bedeutung der Gegenzahl: _____

d) 2. Etage   Zahl: _____   Gegenzahl: _____

   Bedeutung der Gegenzahl: _____

e) 59 m Höhe   Zahl: _____   Gegenzahl: _____

   Bedeutung der Gegenzahl: _____

8 Unsere Zeitrechnung begann mit der Geburt Christi. Zeitangaben, die vor dem Beginn unserer Zeitrechnung liegen, erhalten deshalb den Zusatz v. Chr. (vor Christus).

römischer Staatsmann	römischer Kaiser	römischer Kaiser
Julius Cäsar	**Augustus**	**Tiberius**
Geburt: 100 v. Chr.	Geburt: 63 v. Chr.	Geburt: 42 v. Chr.
Tod: 44 v. Chr.	Tod: 14 n. Chr.	Tod: 37 n. Chr.

Finde heraus, wer von den drei Römern am ältesten wurde? Begründe deine Antwort.

_____

_____

_____

_____

_____

12 Rationale Zahlen — Trainieren und Festigen

Koordinatensystem

▶ **Grundwissen**

Ein Koordinatensystem besteht aus zwei zueinander senkrechten Achsen, der x-Achse (Abszissenachse) und der y-Achse (Ordinatenachse).
Jede Achse ist gleichmäßig unterteilt.
Jeder Punkt P kann mit seinen Koordinaten $P(x; y)$ angegeben werden.

Beispiele: A _____

B _____

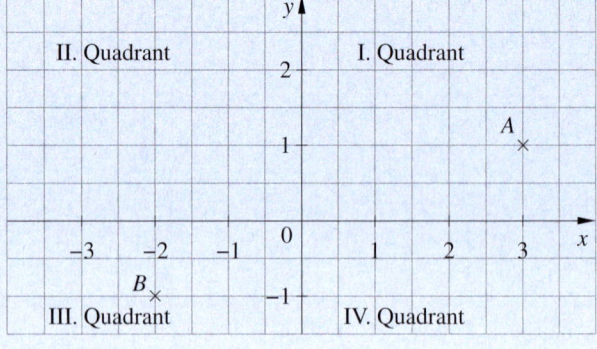

▶ **Auftrag:** Gib die Koordinaten der Punkte A und B an.

Trainieren und Festigen

1 Vervollständige die Angaben zu den im Koordinatensystem eingezeichneten Punkten.

A (1; ____)   B (−2; ____)

C (____; ____)   D (____; ____)

E (____; ____)   F (____; ____)

____ (−3; −1)   ____ (0; 3)

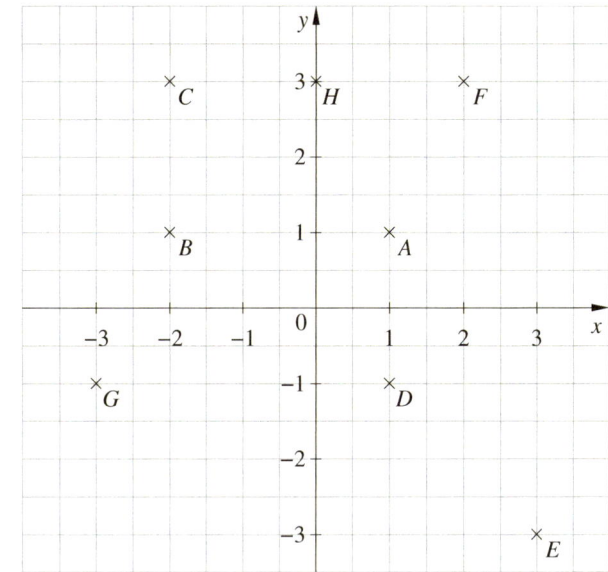

2 Zeichne die Punkte in das Koordinatensystem ein.

A (0; 7)   B (−5; 4)
C (5; 4)   D (−6; 1)
E (0; 1)   F (6; 1)
G (−5; −4)   H (5; −4)

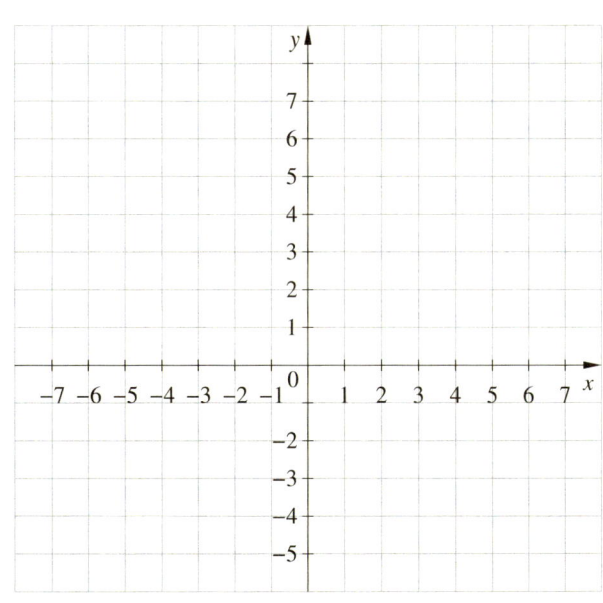

Anwenden und Vernetzen • Koordinatensystem 13

Anwenden und Vernetzen

3 ... im Koordinatensystem

a) Trage folgende Punkte ins Koordinatensystem ein. Verbinde die Punkte in alphabetischer Reihenfolge und den Punkt M mit dem Punkt A.

$A(-5; -2)$ $F(1; 3)$ $C(6; 1)$
$J(-1; 3)$ $E(3; 3)$ $G(2; 5)$
$H(0; 5)$ $K(-4; 3)$ $B(4; -2)$
$L(-4; 1)$ $D(3; 1)$ $M(-7; 1)$

b) Welche Strecken verlaufen parallel zur x-Achse?

_____

c) Welche Stecken verlaufen parallel zur y-Achse?

_____

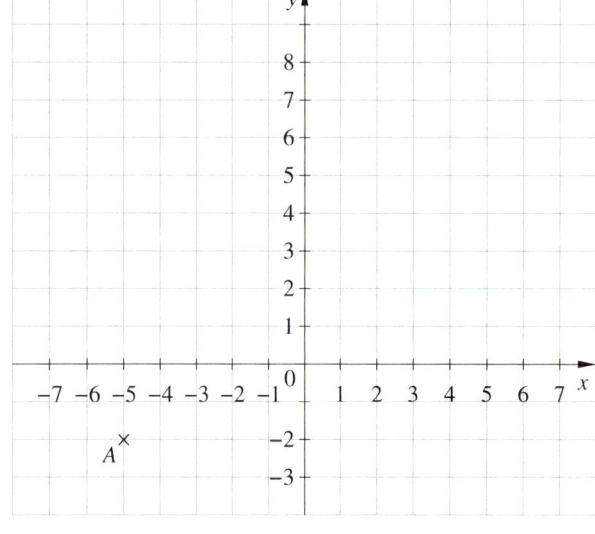

4 Vier Koordinatenwanderkäfer stehen auf den Punkten $K_1(1; -2)$, $K_2(4; 1)$, $K_3(1; 4)$ und $K_4(-2; 1)$.
Sie wollen sich an einem Punkt treffen, zu dem es alle gleich weit haben (Luftlinie).
Gib die Koordinaten des Treffpunktes T an. _____

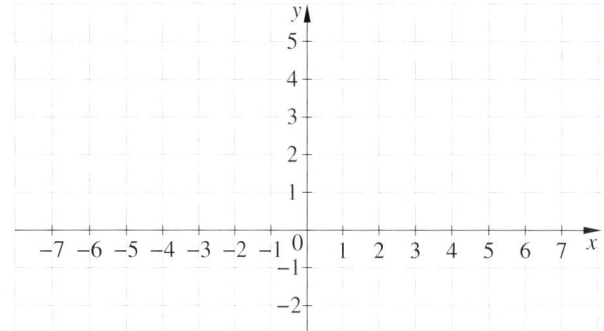

5 Anne, Paul und Leon spielen Schatzsuche. Leon „versteckte" den Schatz an einer Stelle mit ganzzahligen Koordinaten. Natürlich kennt nur er das Versteck. Anne und Paul versuchen, ihn möglichst schnell zu finden.

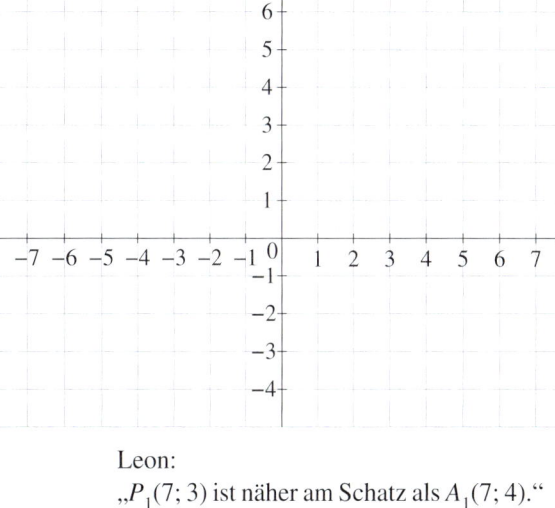

Anne:
„Ich starte mit $A_1(7; 4)$."
„Ich gehe zu $A_2(-1; 1)$."
„Ich gehe zu $A_3(-1; 2)$."
„Ich gehe zu $A_4(-3; 4)$."

Paul:
„Ich starte mit $P_1(7; 3)$."
„Ich gehe zu $P_2(0; 0)$."
„Ich gehe zu $P_3(-5; 2)$."
„Ich bleibe stehen: $P_4(-5; 2)$."

Leon:
„$P_1(7; 3)$ ist näher am Schatz als $A_1(7; 4)$."
„$A_2(-1; 1)$ ist näher am Schatz als $P_2(0; 0)$."
„Ihr seid beide gleich weit vom Schatz weg."
„$A_4(-3; 4)$ ist näher am Schatz als $P_4(-5; 2)$."

a) Wo könnte der Schatz sein? _____

b) Spielt Schatzsuche.

14 Rationale Zahlen — Trainieren und Festigen

Addition und Subtraktion

▶ **Grundwissen**

Die Addition von rationalen Zahlen kann man sich gut an Zahlengeraden verdeutlichen.
Wird eine positive Zahl addiert, so bewegt man sich nach rechts.
Wird eine negative Zahl addiert, so bewegt man sich nach links.
Beispiele:

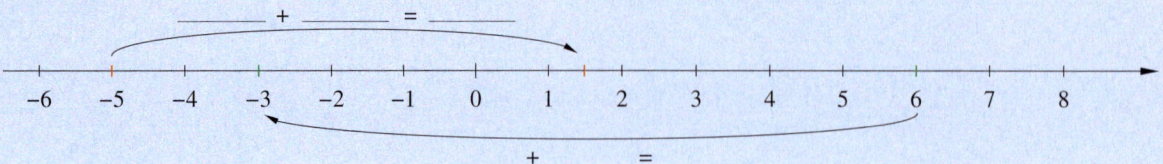

Bei der Subtraktion – Umkehrung der Addition – bewegt man sich entgegengesetzt auf der Zahlengeraden.
Wird eine positive Zahl subtrahiert, so bewegt man sich nach links.
Wird eine negative Zahl subtrahiert, so bewegt man sich nach rechts.
Beispiele:

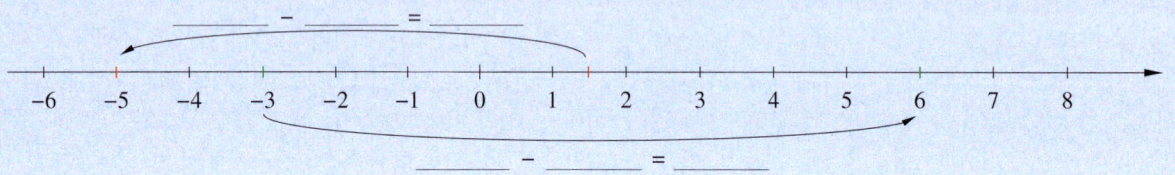

▶ **Auftrag:** Ergänze die Beispiele.

Trainieren und Festigen

1 Addiere.

a) $+38 + (+4) = $ _____ b) $-50 + (-23) = $ _____ c) $+66 + (+8) = $ _____

d) $-6 + (-53) = $ _____ e) $-9 + (+5) = $ _____ f) $-33 + (+8) = $ _____

2 Subtrahiere.

a) $+38 - (+4) = $ _____ b) $+20 - (-80) = $ _____ c) $-66 - (+12) = $ _____

d) $+9 - (+5) = $ _____ e) $-60 - (+7) = $ _____ f) $-3 + (-8) = $ _____

3 Setze passende Rechenzeichen ein.

a) $+40 \; \square \; (-80) = -40$ b) $-77 \; \square \; (+17) = -60$ c) $-100 \; \square \; (-80) = -180$

d) $-45 \; \square \; (-45) = 0$ e) $+2{,}3 \; \square \; (-5{,}3) = 7{,}6$ f) $+7 \; \square \; (-8) \; \square \; (-2) = -3$

4 Ergänze die fehlenden Zahlen in den Additionsmauern.

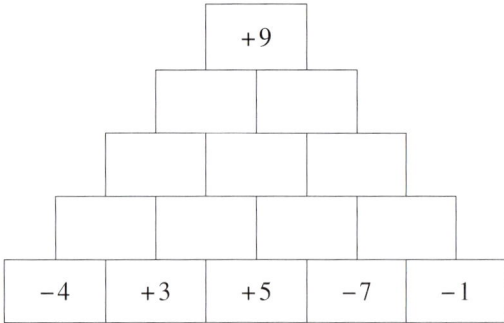

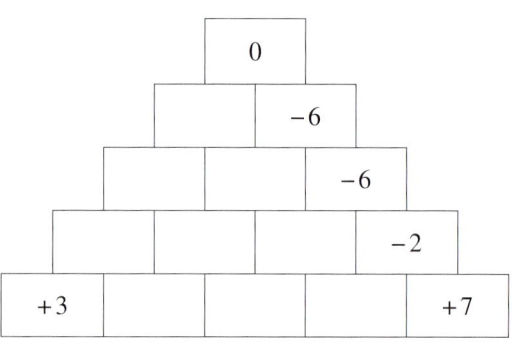

Anwenden und Vernetzen

5 Andrea, Manja, Sven und Martin haben Karten gespielt.
Wer hat gewonnen?

Andrea:	6 Minuspunkte;	8 Pluspunkte;	6 Pluspunkte
Manja:	8 Pluspunkte;	3 Minuspunkte;	6 Minuspunkte
Sven:	4 Minuspunkte;	8 Minuspunkte;	8 Pluspunkte
Martin:	8 Pluspunkte;	5 Minuspunkte;	5 Minuspunkte

6 Familie Schmidt hat am Monatsanfang 1 750 €
auf ihrem Konto. Im Laufe des Monats gab es folgende
Kontobewegungen:
– Abhebung von 250 €
– Abhebung von 150 €
– Einzahlung von 950 €
– Abbuchung der Miete von 350 €
– Rückzahlung vom Finanzamt von 100 €
Wie viel Geld ist am Monatsende
auf dem Konto?

7 Zeichne Wege vom Start zum Ziel ein, die von einem Kästchen in ein benachbartes Kästchen führen.
Durchlaufe kein Kästchen mehrmals.
Berechne für jeden Weg die Summe der Zahlen in den Kästchen.

Start	+1	−2	+8	−5	+1	
	−3	+4	−4	+6	−2	
	+8	+6	+2	+1	−1	
	−4	−3	−5	+2	+4	**Ziel**

16 Rationale Zahlen — Trainieren und Festigen

Multiplikation und Division

▶ **Grundwissen**

Zwei rationale Zahlen mit gleichem Vorzeichen werden multipliziert bzw. dividiert, indem man die Beträge der Zahlen multipliziert bzw. dividiert.
Das Vorzeichen des Ergebnisses ist „+".

Beispiele: $+4 \cdot (+2) = + (4 \cdot 2) =$ _____ $-22 : (-11) = + (22 : 11) =$ _____

Zwei rationale Zahlen mit verschiedenen Vorzeichen werden multipliziert bzw. dividiert, indem man die Beträge der Zahlen multipliziert bzw. dividiert.
Das Vorzeichen des Ergebnisses ist „–".

Beispiele: $+2 \cdot (-7) = - (2 \cdot 7) =$ _____ $-36 : (+3) = - (36 : 3) =$ _____

▶ **Auftrag:** Ergänze.

Trainieren und Festigen

1 Multipliziere.

a) $+8 \cdot (-4) =$ _____ b) $-5 \cdot (-2) =$ _____

c) $+6 \cdot (+3) =$ _____ d) $-6 \cdot (-4) =$ _____

e) $-9 \cdot (-2) =$ _____ f) $-3 \cdot (+3) =$ _____

g) $+10 \cdot (-7) =$ _____ h) $-4 \cdot (-11) =$ _____

2 Dividiere.

a) $-36 : (-4) =$ _____ b) $+20 : (+5) =$ _____

c) $-16 : (+8) =$ _____ d) $610 : (-61) =$ _____

e) $-90 : (+3) =$ _____ f) $-30 : (-6) =$ _____

g) $-63 : (+7) =$ _____ h) $90 : (-90) =$ _____

3 Ergänze die fehlenden Zahlen in den Muliplikationsmauern.

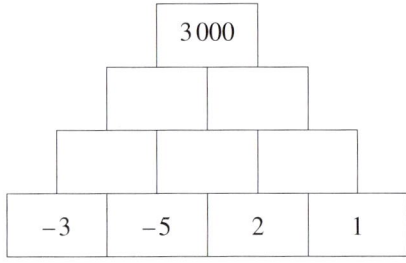
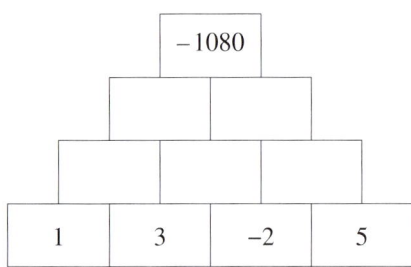

4 Entscheide, ob das Ergebnis „kleiner als null" oder „größer als null" ist.

a) $-10 \cdot (-2) \cdot 200 : (+50)$ _____ b) $-30 : (-3) \cdot 25 : (-5)$ _____

c) $-500 : (-2) \cdot 10 : (-2,5)$ _____ d) $100 \cdot (-2) : 200 \cdot 50$ _____

e) $-70 \cdot (-20) \cdot (-300) : (-3)$ _____ f) $-50 \cdot (-11) : 20 : (-5)$ _____

Anwenden und Vernetzen   Multiplikation und Division   17

Anwenden und Vernetzen

5   Die Klasse 7b war letzte Woche im Kino.
    Die Lehrerin hatte das Geld für die Kinokarten ausgelegt.
    Nun haben noch 10 Schülerinnen und Schüler jeweils 4,50 € Schulden bei ihr.
    Wie viel Euro Schulden haben sie zusammen bei ihrer Klassenlehrerin?

6   Sabine kauft 3 Kinokarten für jeweils 5,50 €. Sie bezahlt mit einem 20-€-Schein. Wieviel Geld bekommt sie zurück?

7   Markiere alle Fehler und bestimme das richtige Ergebnis.

   a) $2 \cdot (10 - 7) \cdot (50 + 50) = 20 - 7 \cdot 100 = 20 - 700 = -680$

   b) $-45 : (-3 + 12) - (-4) = 45 : 9 - 4 = 45 : 5 = 9$

   c) $100 - (65 \cdot 2 - 80) : (-75 : 3) = 100 - 50 : (-25) = 98$

8   Carola, Nadine und Lisa haben beim Schulfest an einem Stand Kuchen verkauft.
    Die drei Schülerinnen nahmen insgesamt 67,00 € ein.
    Für den Stand mussten sie 5,00 € zahlen und für den Kuchen fielen zuvor 50,00 € an.
    Den restlichen Kuchen und den Gewinn wollen sie gleichmäßig aufteilen.

9   Bilde aus den Zahlen 0; 1; ...; 9 und ihren Gegenzahlen Aufgaben und löse sie.
    Jede Zahl oder ihre Gegenzahl soll in jeder Aufgabe genau einmal vertreten sein.
    Findest du eine Aufgabe, die genau −100 ergibt?

18 Rationale Zahlen — Trainieren und Festigen

Rechengesetze und Vorrangregeln

▶ **Grundwissen**

Kommutativgesetze der Addition und Multiplikation: $a + b = b + a$ $\quad a \cdot b = b \cdot a$

Assoziativgesetze der Addition und Multiplikation: $(a + b) + c = a + (b + c)$ $\quad (a \cdot b) \cdot c = a \cdot (b \cdot c)$

Distributivgesetze: $a \cdot (b + c) = a \cdot b + a \cdot c$ $\quad a \cdot (b - c) = a \cdot b - a \cdot c$

Rechenregeln: _____

_____

_____

werden zuerst	nach rechts	geht vor	rechnen	zu beachten ist
Punktrechnung	berechnet,	wenn keine	Ausdrücke in Klammern	
andere Regel	Von links	Strichrechnung		

▶ **Auftrag:** Formuliere mithilfe der Wortkarten unten Regeln, die für alle rationalen Zahlen gelten.

Trainieren und Festigen

1 Rechne im Kopf. Beachte die Rechenregeln.

a) $-6 \cdot (4 - 2) =$ _____
b) $6 + (-4) - 2 =$ _____
c) $-6 + 4 \cdot (-2) =$ _____

d) $-23 - 18 : (-6) =$ _____
e) $23 + (18 - 6) =$ _____
f) $23 + 18 : (-6) =$ _____

g) $(-125 + 25) \cdot (-2) =$ _____
h) $-5 + 3 \cdot (-4 - 3) =$ _____
i) $(-8 + 5) \cdot 3 - (4 - 7) =$ _____

2 Entscheide, welche Aufgaben dieselben Ergebnisse haben. Zeichne Pfeile ein.

$0,3 + 4,5 + 7,8$ $\qquad$ $2 \cdot (-7,8 + 4,5 - 0,3)$

$(7,8 + 4,5 - 0,3) : 2$ $\qquad$ $2 : (-4,5 + 0,3 - 7,8)$

$7,8 + 0,3 + 4,5$ $\qquad$ $(4,2 + 7,8) : 2$

$7,8 - (-0,3) + 4,5$ $\qquad$ $(4,5 - 0,3 - 7,8) \cdot 2$

3 Rechne vorteilhaft.

a) $4 \cdot 2 + 4 \cdot 3 =$ _____
b) $7 \cdot 3 + 13 \cdot 3 =$ _____

c) $14 \cdot 7 - 8 \cdot 7 =$ _____
d) $-5 \cdot 3 + 11 \cdot 3 =$ _____

e) $-18 : 9 - 27 : 9 =$ _____
f) $-33 : 11 + 55 : 11 =$ _____

g) $17 - 8 + 13 =$ _____
h) $3 \cdot 12 - 3 \cdot 8 =$ _____

i) $-7 - 13 - 10 \cdot 1,25 =$ _____
j) $(17 - (-4 \cdot 3) + 1) : 5 =$ _____

k) $(3 \cdot (-4) + 2) : 5 =$ _____
l) $2 - 2 \cdot 3 + (1 - 4) =$ _____

Anwenden und Vernetzen — Rechengesetze und Vorrangregeln 19

Anwenden und Vernetzen

4 Falsch oder richtig? Wie müsste man richtig rechnen?

a) $13 - 5 : 2 = 4$ falsch $13 - 2,5 = 10,5$

b) $-1 \cdot 15 \cdot (10 : (-2)) = -75$ _____

c) $((-5 - 13) : 2 + 6) \cdot (-2) = 6$ _____

d) $(6 - 9 : (-3)) \cdot 5 = 5$ _____

e) $(-5 + 4) \cdot ((-100) : (-2)) = 50$ _____

f) $(11 - 35) : ((-6) \cdot (-2)) = -2$ _____

5 Bestimme jeweils zuerst das Vorzeichen des Ergebnisses.

a) $1 \cdot (-2) \cdot 2 =$ _____

b) $-1 \cdot 12 \cdot (-2) \cdot 10 =$ _____

c) $-16 : (-4) \cdot 20 : (-10) =$ _____

d) $-7 \cdot 5 \cdot (-2) : (-7) =$ _____

e) $(-1) \cdot (-2) \cdot (-3) \cdot (-1) : (-2) =$ _____

f) $(-1) : ((-5) \cdot (-2)) \cdot (-10) =$ _____

Gibt es in einer Aufgabe nur Punktrechnung, so kann man von der Anzahl der Minuszeichen auf das Vorzeichen des Ergebnisses schließen. Vervollständige hierzu die folgenden Merkregeln.

Gibt es eine gerade Anzahl von Minuszeichen, so ist das Ergebnis _____ .

Gibt es eine ungerade Anzahl von Minuszeichen, so ist das Ergebnis _____ .

6 Schreibe entsprechende Aufgaben auf und löse diese.

a) Multipliziere die Summe von –7 und 4 mit 3. _____

b) Addiere die Produkte von –8 und –2 und von –5 und 4 miteinander. _____

c) Addiere 3 zum Quotienten von 27 und 9 und addiere anschließend –2 hinzu. _____

d) Subtrahiere 2 von der Differenz von 8 und –1. _____

7 Mehrere Schüler schätzten die Länge eines Raumes.
Beim Nachmessen stellten sie fest, dass er 8 m lang ist.
Sie bestimmten die Abweichungen von den Schätzungen.
Wurde im Durchschnitt die Länge des Raumes unter- oder überschätzt?

_____

_____

Abweichungen der Schätzungen von der gemessenen Länge

Anna: –60 cm

Berta: +40 cm

Lisa: +20 cm

Nora: +10 cm

Hanna: –50 cm

Hinweis: Lass mehrere Mitschülerinnen oder Mitschüler die Höhe eines Stuhles im Klassenraum schätzen.
Untersuche danach, ob die Höhe eher über- oder unterschätzt wurde.
Die Verwendung von Linealen und anderen Messhilfen ist beim Schätzen verboten.

Wichtig: Auf Seite 57 kannst du dein Wissen zum gesamten Kapitel 2: „Rationale Zahlen" testen.

Geometrische Grundkonstruktionen

Entdeckungen an Geradenkreuzungen

▶ Grundwissen

Die Winkel α und γ sind ein Paar _____
Sie sind gleich groß.

Die Winkel α und β sind ein Paar _____
Sie sind zusammen 180° groß.

Die Winkel α und δ sind ein Paar _____
Sie sind an geschnittenen Parallelen gleich groß.

Die Winkel α und ε sind ein Paar _____
Sie sind an geschnittenen Parallelen gleich groß.

▶ **Auftrag:** Ergänze Fachbegriffe.

Trainieren und Festigen

1 Scheitelwinkel und Nebenwinkel

a) Gib alle Scheitelwinkelpaare an. _____

b) Welche Winkel sind Nebenwinkel von α_1? _____

2 Gib alle Paare von Stufenwinkeln bzw. Wechselwinkeln an.

Paare von Stufenwinkeln: _____

Paare von Wechselwinkeln: _____

3 Winkel an geschnittenen Parallelen

a) Markiere entsprechende Winkel.

Lege zuvor die Farben fest.
☐ Scheitelwinkel zu γ_1 ☐ Wechselwinkel zu α_2
☐ Nebenwinkel zu α_1 ☐ Stufenwinkel zu γ_3

b) Benenne die Winkelpaare.

α_3 und α_4 sind ein Paar _____ γ_4 und β_2 sind ein Paar _____

β_4 und β_2 sind ein Paar _____ γ_3 und γ_1 sind ein Paar _____

α_2 und β_2 sind ein Paar _____ α_2 und α_4 sind ein Paar _____

γ_1 und β_3 sind ein Paar _____ β_3 und β_4 sind ein Paar _____

6 Dreieck

a) Gib entsprechend den Kongruenzsätzen drei Größenangaben vor, die für die Konstruktion dieses Dreiecks ausreichend sind.
Finde mindestens vier Möglichkeiten.

z. B.

sss: $a = 3,6$ cm; $b = 5,8$ cm; $c = 5,5$ cm

sws: $b = 5,8$ cm; $\alpha = 37°$; $c = 5,5$ cm

wsw: $\alpha = 37°$; $c = 5,5$ cm; $\beta = 75°$

SsW: $b = 5,8$ cm; $c = 5,5$ cm; $\beta = 75°$

b) Konstruiere den Umkreis des Dreiecks.

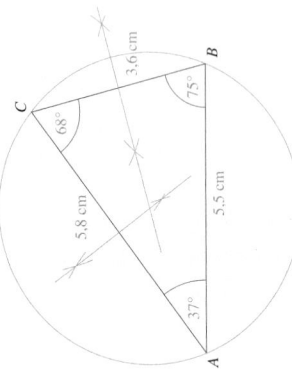

7

Im Stängel-Blatt-Diagramm wurden die Größen der Schülerinnen und Schüler einer Klasse in Zentimeter dargestellt.

a) Stelle die Größenverteilung in einem Boxplot dar.

Jungen							Mädchen					
						19						
						18						
		7	5	2	1	17	0	3				
6	5	2	2	0		16	1	5	6	7		
7	6	5	4	1		15	2	3	7	8		
			8	5		14	0	4	9			
						13	8	9				
						12						

Boxplot: 130 140 150 160 170 180

b) Ermittle die Spannweite, die Modalwerte und das arithmetische Mittel der Werte.

Spannweite: 43   Modalwerte: 162; 166; 165; 157   arithmetisches Mittel: rund 159

8
Trage die gesuchten Begriffe ein. Wenn alles richtig ist, ergeben die Buchstaben in den Kästchen ein Lösungswort.

1. Eine „5-Kennwert-Zusammenfassung" wird auch … genannt.
2. Der Schwerpunkt eines Dreiecks ist der Schnittpunkt der …
3. Zwei Figuren, die zur Deckung gebracht werden können, sind zueinander …
4. … lassen die Lösung einer Gleichung unverändert.
5. Für Dreiecke gibt es … Kongruenzsätze.
6. … die für rationale Zahlen gelten, gelten auch für Terme.
7. Eine Zuordnung kann mit einer … dargestellt sein.
8. In der Prozentrechnung nennt man den Wert, der 100% entspricht, …
9. In … beträgt die Innenwinkelsumme 180°.
10. Der Mittelpunkt des Inkreises eines Dreiecks ist der Schnittpunkt der …
11. Die Wertepaare einer antiproportionalen Zuordnung sind …

1. B O X P L O T
2. S E I T E N H A L B I E R E N D E N
3. K O N G R U E N T
4. Ä Q U I V A L E N Z U M F O R M U N G E N
5. V I E R
6. R E C H E N G E S E T Z E
7. W E R T E T A B E L L E
8. G R U N D W E R T
9. D R E I E C K E N
10. W I N K E L H A L B I E R E N D E N
11. P R O D U K T G L E I C H

Kapitel 7: Terme und einfache Gleichungen

Teste dein Wissen!

1 Trage die Lösungen und die zu den Lösungen gehörenden Buchstaben in die vorgegebenen Kästchen ein.
$11 \hat{=} A; 12 \hat{=} B; \ldots; 38 \hat{=} Z$
Sind alle Lösungen richtig, erhältst du den Titel eines Buches.
Gibt es mehrere Lösungen, ist die „gewünschte" zu erraten.
Titel: „Harry Potter und der Stein der Weisen"

1	2	3	4	5	6	7	8	9
A	B	C	D	E	F	G	H	I
J	K	L	M	N	O	P	Q	R
S	T	U	V	W	X	Y	Z	

$2x - 1 = 35$	**18** **H**	$x(x+1) = 132$	**11** **A**	$x - 50 = -21$	**29** **R**
$(x-2) \cdot 8 = 280$	**37** **Y**	$\frac{2}{3}x = 18$	**27** **P**	$377 : x = 13$	**29** **R**
$x^2 = 32x$	**32** **T**	$30 - x = x$	**15** **E**	$2x - 48 = 16$	**32** **T**
$x^2 - 40 = 585$	**25** **N**	$5x - 28 = 3x$	**14** **D**	$3x + 12 = 111$	**33** **U**
$(31 - x) : 4 = \frac{1}{2}$	**29** **R**	$2x + 5 = 67$	**31** **S**	$(50 - x) \cdot 2 = 70$	**15** **E**
$(23 - x)^2 = 16$	**19** **I**	$2^x = 4x$	**32** **T**	$(45 : x)^3 = 27$	**15** **E**
$(5 - x) \cdot 4 = -6$	**29** **R**	$4\sqrt{x} + 5 = x$	**25** **N**	$x - 4\frac{1}{2}x + 3$	**14** **D**
$x(x - 1) = 930$	**31** **S**	$100 - 2x = x - 5$	**35** **W**	$x \cdot x = 16 - x$	**15** **E**
		$(x : 10)^2 = 2.25$	**15** **E**	$(x + 5) \cdot (x - 5) = 600$	**25** **N**

2 Markiere gegebenenfalls die Fehler und gib die Lösungsmengen an.

a) $9x = 5 - 3y + 7$ | $1 + 3y$ b) $5x + 7 - 3x = 15$ | -7 zu b) $5x + 7 - 3x = 15$ | -7
  $12y = 12$ | $1 : 12$ $2x = 15$ | $1 : 2$ $2x = 8$ | $: 2$
  $y = 1$ $L = \{1\}$ $x = 7.5$ f $x = 4$ $L = \{4\}$

3 Lisa möchte mit zwei Freundinnen zelten. 18,00 € sind pro Übernachtung für ein Zelt und drei Personen zu zahlen. Die Hin- und Rückfahrt kostet 20,00 € pro Person. Für die tägliche Verpflegung planen sie 10,00 € pro Person ein. Die Mädchen haben insgesamt 450,00 € zur Verfügung. Wie oft können sie höchstens auf dem Zeltplatz übernachten?

$18{,}00 € \cdot d + 3 \cdot 10{,}00 € \cdot d + 3 \cdot 20{,}00 € = 450{,}00 €$
$48{,}00 € \cdot d + 60{,}00 € = 450{,}00 €$ | $-60{,}00 €$
$48{,}00 € \cdot d + = 390{,}00 €$ | $: 48{,}00 €$
$d = 8{,}125$

Sie können 8-mal auf dem Zeltplatz übernachten.

4 Aus einem quadratischen Stück Pappe, mit 30 cm langen Seiten, soll eine oben offene Schachtel hergestellt werden. Dazu werden an den vier Ecken kleine Quadrate der Länge x ausgeschnitten. Danach wird die Pappe entlang der gestrichelten Linien nach oben gebogen.

a) Stelle einen Term zur Berechnung des Volumens der Schachtel auf.
$(30\,\text{cm} - 2x) \cdot (30\,\text{cm} - 2x) \cdot x$

b) Berechne das Volumen der Schachtel für $x = 10$ cm.
$(30\,\text{cm} - 2 \cdot 10\,\text{cm}) \cdot (30\,\text{cm} - 2 \cdot 10\,\text{cm}) \cdot 10\,\text{cm} = 1000\,\text{cm}^3$ Für $x = 10$ cm beträgt das Volumen 1000 cm³.

c) Kann daraus eine Schachtel mit einem Volumen von 2000 cm³ hergestellt werden?

Durch Probieren ist festzustellen, dass für $x = 5$ cm das Volumen 2000 cm³ beträgt.

Jahrgangsstufentest

Teste dein Wissen!

1 Ergänze die Tabellen.
Rechne, wenn nötig, auf einem zusätzlichen Blatt.

a) proportionale Zuordnung

x	8	16	80	20		0,4
y	2	4	20	5		0,1

b) antiproportionale Zuordnung

x		8	32	4		7,5
y		2	0,5	4		120

2 Trage die fehlenden Dezimalzahlen ein.
In der ersten Spalte stehen die Minuenden (bzw. Dividenden) und in der ersten Zeile die Subtrahenden (bzw. Divisoren).

−	1,2	−23	31	−0,5
7	5,8	30	−24	7,5
−0,9	−2,1	22,1	−31,9	−0,4

:	−1,8	10	−3	5
		−0,18	0,6	−0,36
$\frac{6}{5}$		0,12	−0,4	0,24

3 Drei Geschwister sind zusammen 38 Jahre alt. Arnika ist doppelt so alt wie Lea, während Ole 6 Jahre älter als Lea ist.
Ermittle mithilfe einer Gleichung, wie alt die Geschwister sind.

$38 = x + 2x + x + 6$
$38 = 4x + 6$ | -6
$32 = 4x$ | $:4$
$8 = x$

Lea (x) ist 8 Jahre alt, Arnika $(2x)$ 16 und Ole $(x + 6)$ 14.

4 Trage rechts die Ergebnisse ein.

S a: 10 % von 123
e b: So viel Prozent sind 66 von 600.
n c: 42,96 sind 120 % davon.
k d: 50 % von 16095
r e: Zu 50 000 kommen 12,4 % hinzu.
e f: 8 520,3 sind 30 % davon.
c g: Durch 4 geteilt, gibt so viel Prozent.
h h: 20 % von 715
t i: Ein Ganzes in Prozent.
W d: Ergibt um 50 % vergrößert 1 222,5.
a h: Die Quersumme ist eine Primzahl.
a j: So viele Ganze sind 500 %.
g k: Ein Fünftel sind so viel Prozent.
e l: 5 um 100 % vergrößert.
r m: 10,5 sind 30 % davon.
e n: 25 % davon sind 107.
c o: 12,5 % von 50 224
h p: das Fünffache als Prozentsatz
t r: 15 um ein Drittel verkleinert

a 1		b 1	c 3
k 2		d 8	i 5
m 3	e 5		f 8
h 1		n 4	
	g 2		
q 3	4	p 5	r 1

5 Zeitungsmeldung mit Fehler?
Über 1500 Euro hat keines der getesteten Geräte gekostet – die Preise sind innerhalb von 2 Monaten um bis zu 100 Prozent gefallen. Und sie werden weiter sinken!
z. B.
Nachdem der Preis eines Gerätes um 100 % gesunken ist, kostet es 0,00 €. Der Preis kann nicht weiter sinken.

Kapitel 5: Konstruktion von Dreiecken

Teste dein Wissen!

1 Zueinander kongruente Dreiecke

a) Male zueinander kongruente Dreiecke jeweils mit derselben Farbe aus.

b) Zeichne zwei (nicht mehr!) Strecken so ein, dass zehn zueinander kongruente Dreiecke entstehen.

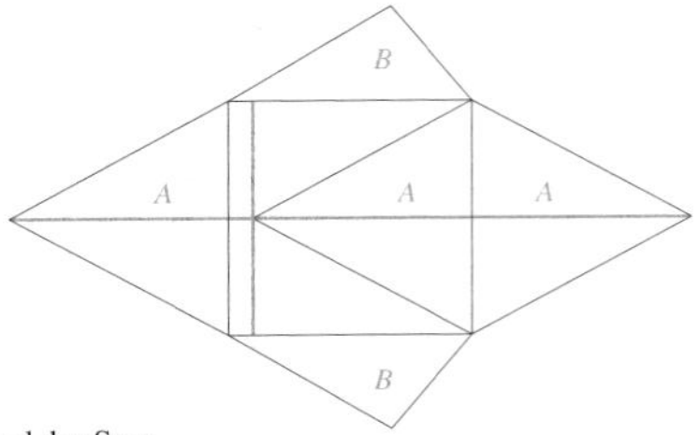

2 Ermittle mithilfe maßstäblicher Zeichnungen die Breite des Flusses und des Sees. Nenne jeweils den Kongruenzsatz, nach dem die Konstruktion eindeutig ausführbar ist.

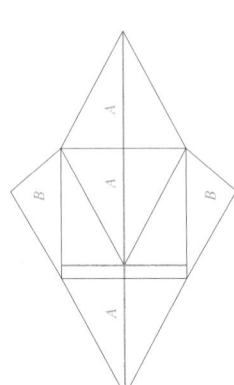

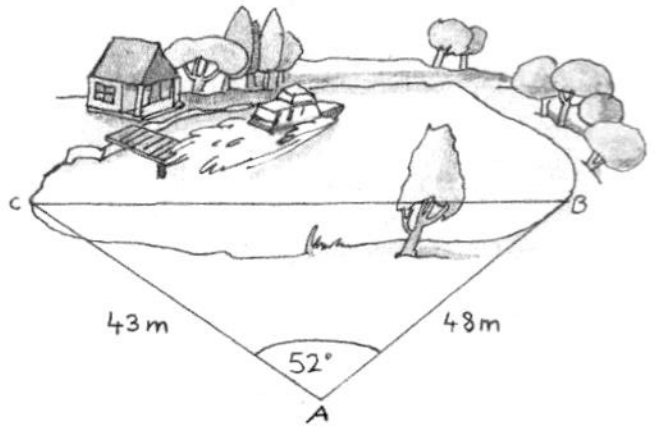

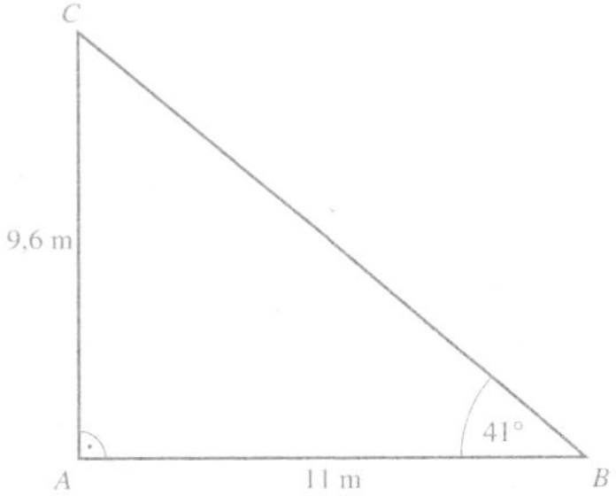

Maßstab 1 : 200 ____wsw____

Der Fluss ist rund 9,6 m breit.

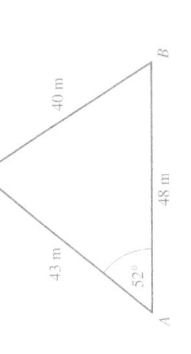

Maßstab 1 : 100 ____sws____

Der See ist rund 40 m breit.

3 Zeichne jeweils das Dreieck ABC und nenne den Kongruenzsatz, nach dem alle Dreiecke mit den gegebenen Maßen zueinander kongruent sind.

a) $a = 6$ cm; $b = 5$ cm; $c = 6{,}5$ cm ____sss____

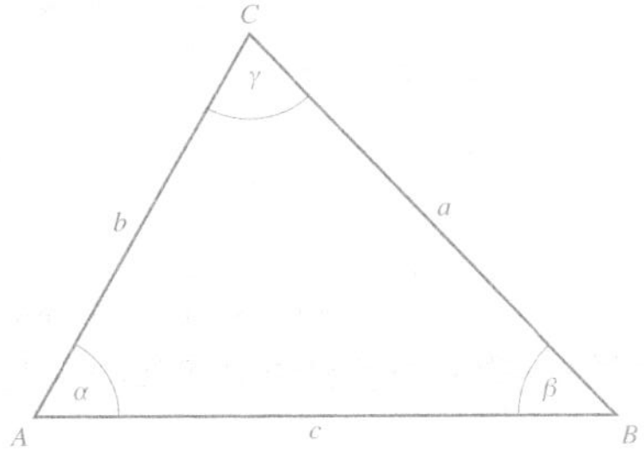

b) $a = 4$ cm; $b = 5{,}5$ cm; $\beta = 75°$ ____SsW____

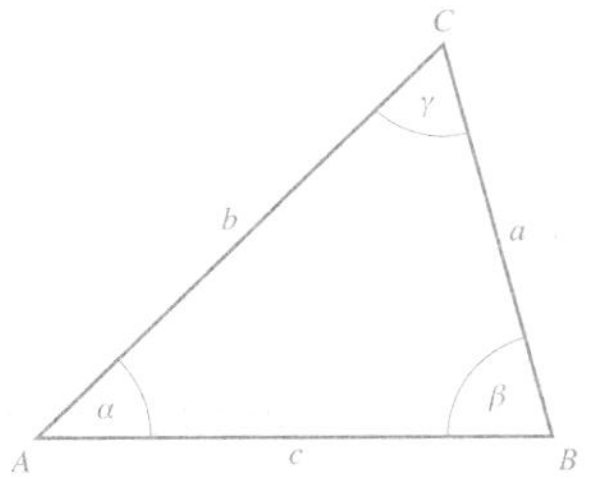

Kapitel 6: Beschreibende Statistik

Teste dein Wissen!

1 In einem Stängel-Blatt-Diagramm wurden die Punkte eines Basketballspielers pro Spiel im Laufe einer Saison festgehalten.

0	5; 6; 7; 8; 9
1	0; 2; 3; 4; 5; 8
2	0; 1

a) Zeichne ein passendes Boxplot.

b) Ermittle das arithmetische Mittel der Werte.

arithmetisches Mittel: 12,15

2 Ordne, wenn möglich, jeweils die Spannweite und den Zentralwert zu.

natürliche Zahlen von 4 bis 10 — Spannweite: 6 — Zentralwert: 8,5

ganze Zahlen von 5 bis 12 — Spannweite: $\frac{5}{6}$ — Zentralwert: −6

ganze Zahlen von −10 bis −2 — Spannweite: 8 — Zentralwert: −7

Zahlen $-\frac{1}{2}; -\frac{1}{4}; -\frac{1}{6}; 0; \frac{1}{4}$ und $\frac{1}{3}$ — Spannweite: 7 — Zentralwert: 7

rationale Zahlen von −10 bis 1 — Spannweite: 5 — Zentralwert: $-\frac{1}{12}$

Notiere zu den übrig bleibenden Angaben eine passende Datenmenge mit 4 Werten. −9; −8; −6; −4

3 In einer 7. Jahrgangsstufe wurde eine Klassenarbeit geschrieben.

Note	Anzahl
1	5
2	15
3	30
4	35
5	8
6	7

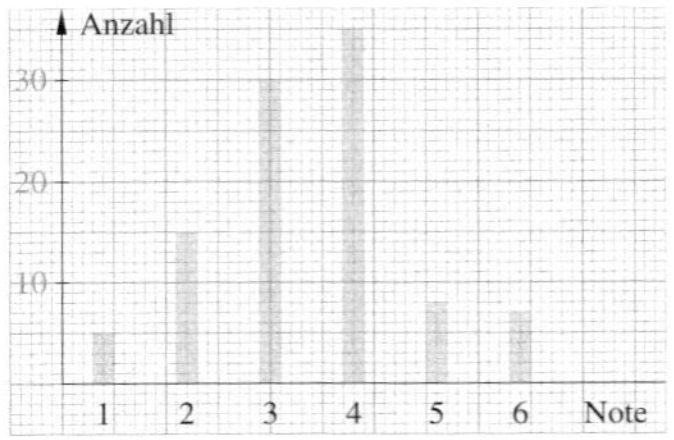

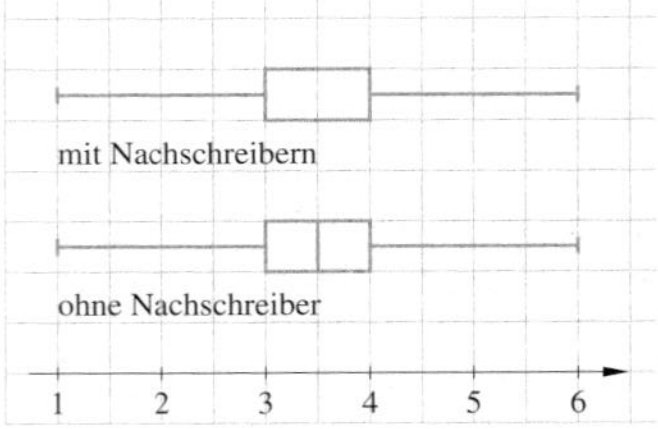

a) Stelle das Ergebnis in einem Säulendiagramm und einem Boxplot dar.

b) Zwei Schülerinnen und drei Schüler waren am Tag der Klassenarbeit krank. Deshalb sind folgende Ergebnisse noch nicht in der obigen Notenverteilung enthalten. 3; 4; 4; 5; 6
Ermittle den Zentralwert, die Spannweite, den Modalwert und das arithmetische Mittel der Notenverteilungen mit und ohne Nachschreiber. Zeichne ein Boxplot zur Notenverteilung mit Nachschreibern. Was fällt dir auf?

ohne Nachschreiber: Zentralwert: 3,5;   Spannweite: 5   Modalwert: 4   arithmetisches Mittel: 3,47

mit Nachschreibern: Zentralwert: 4   Spannweite: 5   Modalwert: 4   arithmetisches Mittel: 3,51

z. B.
Die Nachschreiber haben wenig Einfluss auf die Kenngrößen. Sie machen nur rund 5 % der Daten aus.

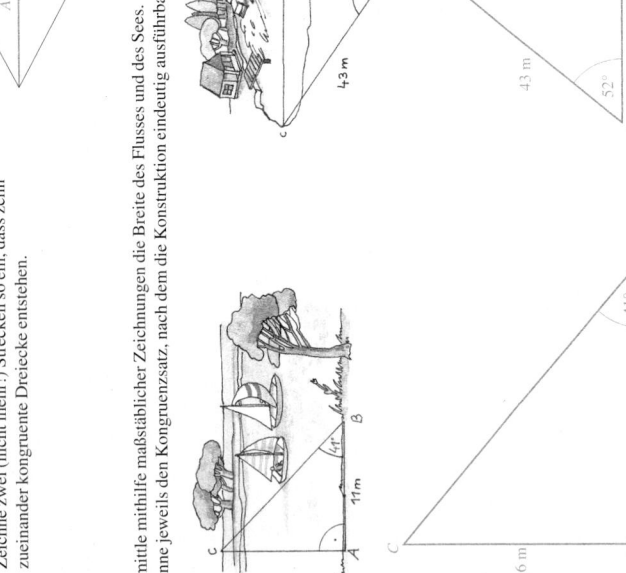

Kapitel 3: Geometrische Grundkonstruktionen

Teste dein Wissen!

1 Ermittle die Größen der Winkel.

a)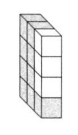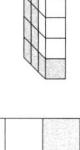

$\alpha = \underline{111°}$
$\beta = \underline{69°}$
$\gamma = \underline{111°}$
$\delta = \underline{69°}$

$g \parallel h \quad s \parallel t$

b)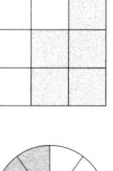

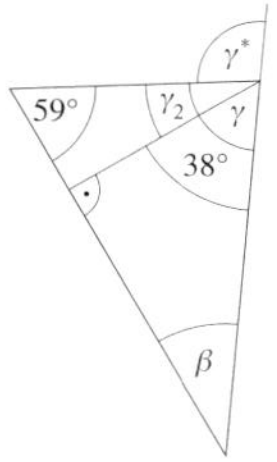

$\beta = \underline{52°}$
$\gamma^* = \underline{69°}$
$\gamma_2 = \underline{31°}$
$\gamma^{**} = \underline{111°}$

2 Zeichne das Dreieck ABC mit den Eckpunkten $A(3; 2)$, $B(12; 5)$ und $C(6; 10)$ in das Koordinatensystem. Bestimme die Koordinaten der Mittelpunkte von Umkreis M_u und Inkreis M_i, sowie des Schwerpunktes S des Dreiecks.

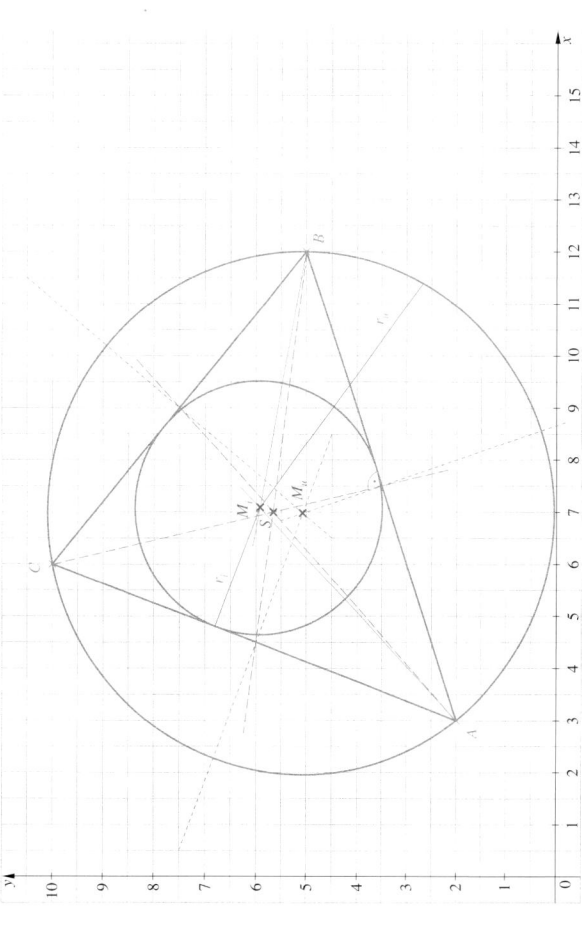

3 Die Häuser von Familie Gemütlich und Familie Bequemlich stehen 800 m von der Kreuzung an der Dorfkirche entfernt. Frau Gemütlich ruft Frau Bequemlich an und sagt, dass sie sich noch einmal treffen müssen. Natürlich wollen beide gleich weit gehen, aber jede maximal 300 m. Ermittle in einer Zeichnung im Maßstab 1 : 100 alle möglichen Treffpunkte.

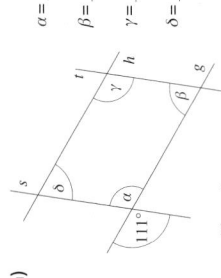

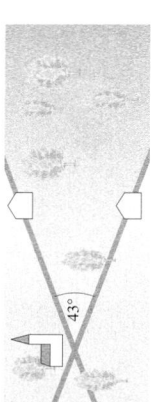

Kapitel 4: Prozentrechnung

Teste dein Wissen!

1 Gib jeweils den Anteil der dunkler eingefärbten Teile in Prozent an.

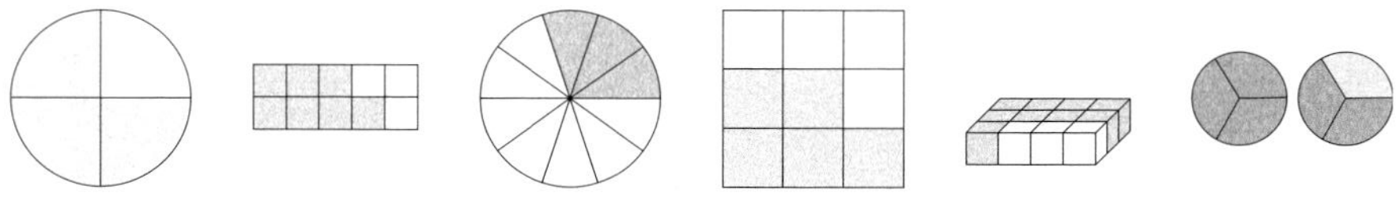

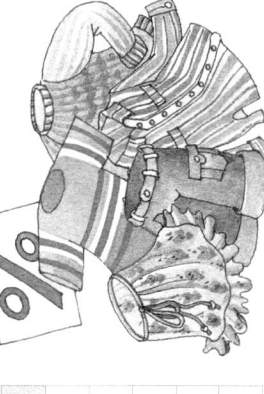

75%   70%   30%   55,5%   75% $166,\overline{6}\%$

2 Sechs unterschiedlich alte Geschwister nahmen an einem Wissenstest für verschiedene Altersklassen teil. Berechne, wie viel Prozent der Fragen jeder richtig beantwortete, und erstelle eine Rangliste.

	Nora	Resi	Lea	Bert	Ralf	Ole
richtige Antworten	3 von 15	27 von 30	9 von 12	4 von 8	4 von 6	3 von 12
Prozentsatz richtiger Antworten	20%	90%	75%	50%	$66,\overline{6}\%$	25%
Platz in der Rangliste	6.	1.	2.	4.	3.	5.

3 Zum Schlussverkauf reduziert ein Verkäufer Preise. Ergänze die Tabelle.

	Preissenkung in Euro	in Prozent	alter Preis	neuer Preis
Hosen	20,67 €	26%	79,50 €	58,83 €
Röcke	9,10 €	20%	45,50 €	36,40 €
Hemden	9,00 €	15%	60,00 €	51,00 €
Pullover	12,21 €	22%	55,50 €	43,29 €
T-Shirts	3,50 €	14%	25,00 €	21,50 €

4 Ein Sportverein hat insgesamt 460 Mitglieder. Jedes davon ist genau einer Abteilung zugeordnet. 92 gehören zur Fußballabteilung und 30% zur Handballabteilung. Die Anzahl der Leichtathleten ist doppelt so groß wie die der Fußballer. Die restlichen Mitglieder sind Schwimmer.
Veranschauliche die Zusammensetzung des Sportvereins in einem Kreisdiagramm.

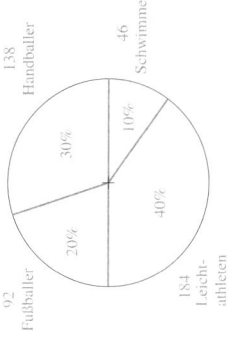

Tests

Teste dein Wissen!

1 Streiche jeweils höchstens zwei Wertepaare, sodass eine proportionale oder eine antiproportionale Zuordnung vorliegt. Gib danach die Art der dann vorliegenden Zuordnung an.

a) proportionale Zuordnung

x	4	7	10	24	50	70
y	7	17,5	25	80	125	175

b) antiproportionale Zuordnung

x	2	8	12	15	40	50	75
y	100	25	15	15	5	4	2,5

2 Ein Band wurde in fünf 48 cm lange Stücke zerschnitten.

a) Wie lang ist ein Viertel des langen Bandes?

Anzahl der Stücke	Länge der Stücke
5	48 cm
1	240 cm
4	60 cm

Jedes Viertel des Bandes wäre 60 cm lang.

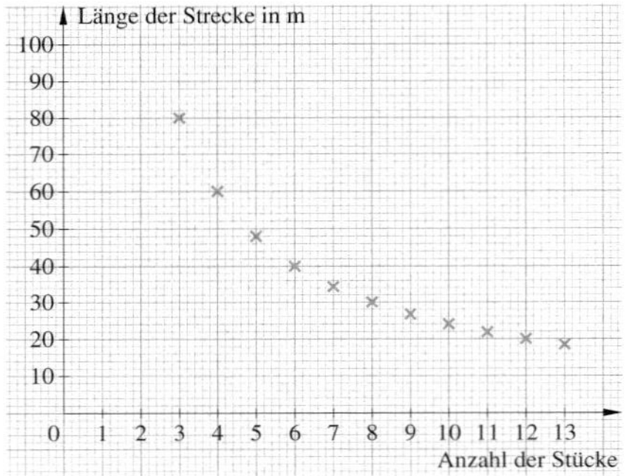

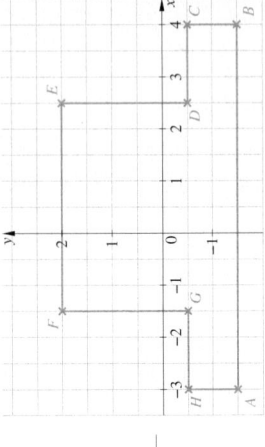

b) Ergänze das Diagramm. Entscheide, ob es sinnvoll ist, die Punkte miteinander zu verbinden? nein

3 Fortbewegung mit …

a) Ergänze die Tabelle zu einer proportionalen Zuordnung und veranschauliche diese im Koordinatensystem.

Weg	Zeit
45 km	30 min
15 km	10 min
3 km	2 min
60 km	40 min
150 km	100 min
180 km	2 h

b) Unter welcher Voraussetzung ist die Zuordnung *Weg → Zeit* proportional?

Voraussetzung ist, dass die Fortbewegung mit konstanter Geschwindigkeit erfolgt.

c) Welche der Rennstrecken passt am besten zum Diagramm bei Teilaufgabe **b**? Begründe deine Entscheidung.

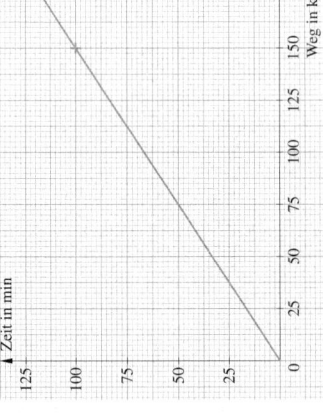

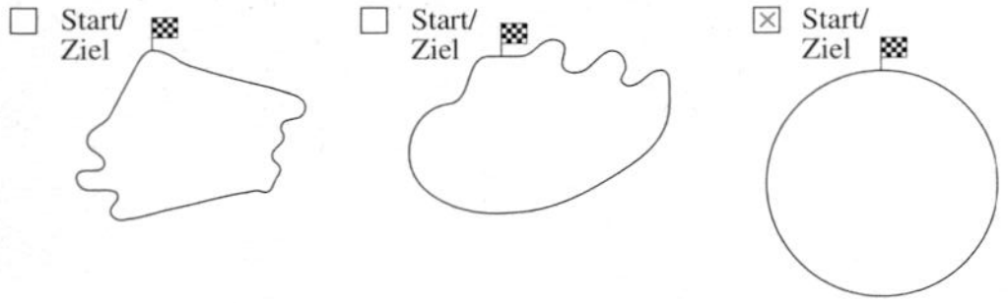

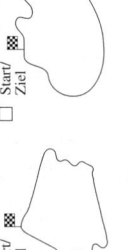

☐ Start/Ziel ☐ Start/Ziel ☒ Start/Ziel

Teste dein Wissen!

1 Welche Zahlen gehören zu den farbig markierten Stellen?

−2   −1,75   −1,5   −1   −0,75   −0,5   0   0,5   1   1,25   1,5

2 Trage folgende Punkte ins Koordinatensystem ein. Verbinde die Punkte in alphabetischer Reihenfolge und den Punkt H mit dem Punkt A.

$A(-3; -1,5)$ $B(4; -1,5)$ $C(4; -0,5)$
$D(2,5; -0,5)$ $E(2,5; 2)$ $F(-1,5; 2)$
$G(-1,5; -0,5)$ $H(-3; -0,5)$

Was erhältst du?
z. B.
einen Hut; ein Achteck; …

3 Ergänze die Tabelle.

alte Temperatur	7°C	1°C			−7°C	−2°C	2°C		2,5°C
neue Temperatur									−1,5°C
Temperaturveränderung			6°C kälter	4°C wärmer			4°C wärmer	7°C kälter	4°C kälter

4 Fülle die Tabellen aus. In der ersten Spalte stehen die Minuenden (bzw. Dividenden) und in der ersten Zeile die Subtrahenden (bzw. die Divisoren).

−	19	−45	23	−4,5
7	−12	52	−16	11,5
−11	−30	34	−34	−6,5
−1,5	−20,5	43,5	−24,5	3

:	10	−2	8	$-\frac{2}{7}$
−4	−0,4	2	−0,5	14
−0,7	−0,07	0,35	$-\frac{7}{80}$	2,45
$\frac{7}{2}$	0,35	−1,75	$\frac{7}{60}$	12,25

5 Setze jeweils die fehlenden Klammern.

a) $15 + 7 - (33 + 41) = -52$
b) $(-5 - 4) \cdot 3 - (12 - (-7)) = -46$

6 Das Teppichmuster besteht aus 12 kleinen Dreiecken. Jeweils vier davon bilden ein größeres Vierer-Dreieck. Finde jeweils die passenden Dreiecke.

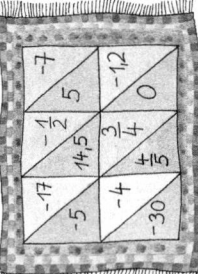

a) Die Summe der Zahlen in einem Vierer-Dreieck ist −2,25.
$-2,25 = 14,5 + \left(-\frac{1}{2}\right) + \frac{3}{4} + (-17)$

b) Das Produkt der Zahlen in einem Vierer-Dreieck ist −21.
$-21 = -7 \cdot \left(-\frac{1}{2}\right) \cdot 5 \cdot (-1,2)$

c) Das Ergebnis der Zahlen in einem Vierer-Dreieck ist −11.
$-11 = -5 - \frac{4}{5} : (-4) \cdot (-30)$

Rechnerisches Lösen von Gleichungen

▶ Grundwissen

Gleichungen kann man mithilfe von Äquivalenzumformungen lösen.
- Ordnen und Zusammenfassen auf einer Seite vom Gleichheitszeichen
- Addieren oder Subtrahieren desselben Terms (außer 0) auf beiden Seiten
- Multiplizieren oder Dividieren mit demselben Term (außer 0) auf beiden Seiten
- beliebiges Austauschen der Rechenoperationen auf beiden Seiten
- Vertauschen beider Seiten

▶ Auftrag: Kreuze an, ob die angeführten Umformungen Äquivalenzumformungen sind.

	wahr	falsch
	☒	☐
	☐	☒
	☒	☐
	☐	☒
	☒	☐

Trainieren und Festigen

1 Wie viele ⊙ entsprechen x? Veranschauliche die Lösungsschritte und notiere passende Gleichungen.

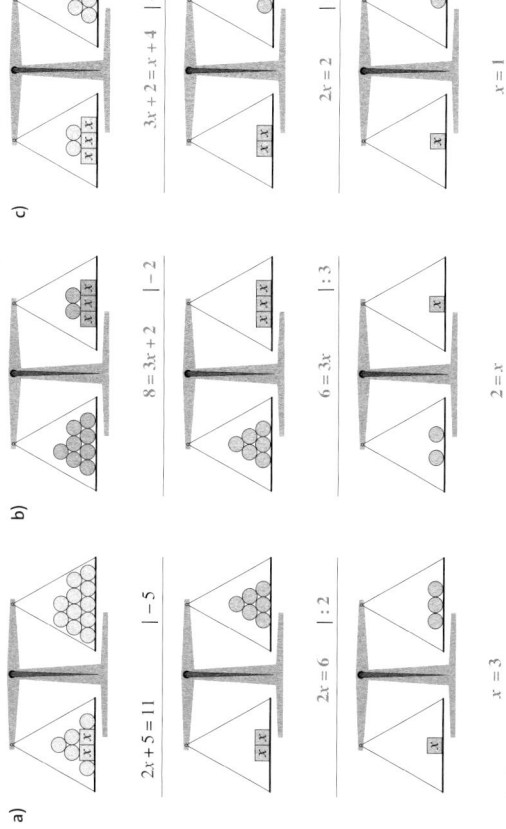

a)
$2x + 5 = 11$
$2x = 6 \quad |:2$
$x = 3$

b)
$8 = 3x + 2 \quad |-2$
$6 = 3x \quad |:3$
$2 = x$

c)
$3x + 2 = x + 4 \quad |-2 - x$
$2x = 2 \quad |:2$
$x = 1$

2 Gib jeweils die ausgeführten äquivalenten Umformungen an.

a) $5x + 9 = 37 + x \quad |-x$
$4x + 9 = 37 \quad |-9$
$4x = 28 \quad |:4$
$x = 7$

b) $6x - 3 = 10 + x - 3 \quad |-x$
$5x - 3 = 7 \quad |+3$
$5x = 10 \quad |:5$
$x = 2$

c) $9 - 5x + 6 = -10x + 10 \quad |+10x$
$15 + 5x = 10 \quad |-15$
$5x = -5 \quad |:5$
$x = -1$

3 Ermittle die Lösungsmengen.

a) $7x - 5 = 16 \quad |+5$
$7x = 21 \quad |:7$
$x = 3$
$L = \{3\}$

b) $7x + 10 - 3x = 26 \quad |-10$
$4x = 16 \quad |:4$
$x = 4$
$L = \{4\}$

c) $13 = 5x - 3 + 3x$
$16 = 8x \quad |:8$
$2 = x$
$L = \{2\}$

Anwenden und Vernetzen

4 Auf einem Bauernhof leben dreimal so viele Hühner wie Schweine. Außerdem gibt es noch sechs Ziegen. Anton hat aus Spaß die Beine aller Tiere gezählt, es sind 114. Ermittle mithilfe einer Gleichung, wie viele Hühner und Schweine es gibt.

$4 \cdot x + (3 \cdot 2 \cdot x) + (4 \cdot 6) = 114$
$4x + 6x + 24 = 114 \quad |-24$
$10x = 90 \quad |:10$
$x = 9$

Es gibt 9 Schweine und 27 Hühner auf dem Bauernhof, und natürlich die 6 Ziegen.

5 Vier Schülerinnen unterhalten sich über ihr Alter.
Wie alt sind Janne und die anderen?

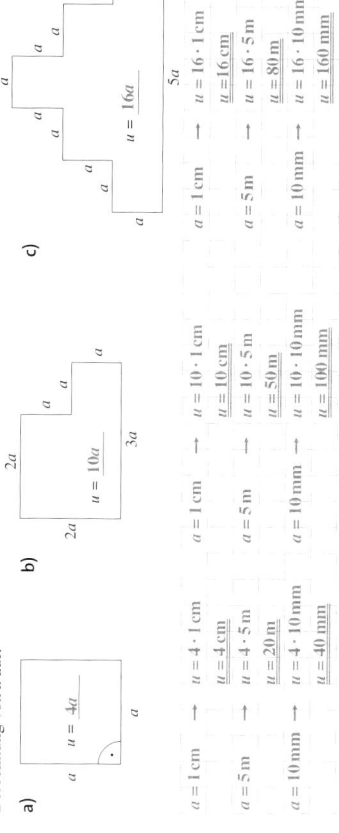

z. B.
Wenn x das Alter von Janne ist, dann sind die Terme für das Alter der Schülerinnen: x; $x + 3$; $x + 3$ und $2x - 9$.

$x + (x + 3) + (x + 3) + (2x - 9) = 5 \cdot 7$
$5x - 3 = 5 \cdot 7 \quad |+ 3$
$5x = 6 \cdot 0 \quad |: 5$
$x = 12$

$ \quad 12 + 3 = 15$
$ \quad 12 - 9 = 15$
$ 2 \cdot 12 - 9 = 15$

Janne ist 12 und die anderen drei Schülerinnen sind jeweils 15 Jahre alt.

6 Berechne den Umfang der folgenden Figuren für $a = 1\,\text{cm}$ bzw. $a = 5\,\text{m}$ bzw. $a = 10\,\text{mm}$. Stelle zunächst eine Gleichung zur Berechnung von a auf.

a) $u = 4a$

$a = 1\,\text{cm} \rightarrow u = 4 \cdot 1\,\text{cm}$
$\underline{u = 4\,\text{cm}}$
$a = 5\,\text{m} \rightarrow u = 4 \cdot 5\,\text{m}$
$\underline{u = 20\,\text{m}}$
$a = 10\,\text{mm} \rightarrow u = 4 \cdot 10\,\text{mm}$
$\underline{u = 40\,\text{mm}}$

b) $u = 10a$

$a = 1\,\text{cm} \rightarrow u = 10 \cdot 1\,\text{cm}$
$\underline{u = 10\,\text{cm}}$
$a = 5\,\text{m} \rightarrow u = 10 \cdot 5\,\text{m}$
$\underline{u = 50\,\text{m}}$
$a = 10\,\text{mm} \rightarrow u = 10 \cdot 10\,\text{mm}$
$\underline{u = 100\,\text{mm}}$

c) $u = 16a$

$a = 1\,\text{cm} \rightarrow u = 16 \cdot 1\,\text{cm}$
$\underline{u = 16\,\text{cm}}$
$a = 5\,\text{m} \rightarrow u = 16 \cdot 5\,\text{m}$
$\underline{u = 80\,\text{m}}$
$a = 10\,\text{mm} \rightarrow u = 16 \cdot 10\,\text{mm}$
$\underline{u = 160\,\text{mm}}$

Wichtig: Auf Seite 62 kannst du dein Wissen zum gesamten Kapitel 7: „…Terme und einfache Gleichungen" testen.

Inhaltliches Lösen von Gleichungen

▶ Grundwissen

Setzt man in eine Gleichung für die Variable eine Zahl ein, so entsteht eine wahre oder eine falsche Aussage. Jede Zahl, die zu einer wahren Aussage führt, nennt man Lösung der Gleichung. Lösungen kann man z. B. durch systematisches Probieren und Überlegen finden. Alle Lösungen einer Gleichung bilden zusammen deren Lösungsmenge L.

$2x - 1 = 7$ $L = \{\ 4\ \}$

$y \cdot y + 5 = 9$ $L = \{-2; 2\ \}$

▶ Auftrag: Überprüfe im Kopf, ob -4; -2; 2; 4 Lösungen der Gleichungen sind. Ergänze die Lösungsmengen.

Trainieren und Festigen

1 Setze in die Gleichungen für die Variablen die gegebenen Zahlen ein. Kreuze jeweils an, ob eine wahre bzw. falsche Aussage entsteht. Ergänze unten die Lösungsmenge.

	$10 \cdot x - 7 = 43$		$x + 30 = 41$		$4 - x = 7 + 2 \cdot x$	
$x = 11$	$10 \cdot 11 - 7 = 43$ $103 = 43$	☐ wahr ☒ falsch	$11 + 30 = 41$ $41 = 41$	☐ wahr ☒ falsch	$4 - 11 = 7 + 2 \cdot 11$ $-7 = 29$	☐ wahr ☒ falsch
$x = 7$	$10 \cdot 7 - 7 = 43$ $63 = 43$	☐ wahr ☒ falsch	$7 + 30 = 41$ $37 = 41$	☐ wahr ☒ falsch	$4 - 7 = 7 + 2 \cdot 7$ $-3 = 21$	☐ wahr ☒ falsch
$x = 5$	$10 \cdot 5 - 7 = 43$ $43 = 43$	☒ wahr ☐ falsch	$5 + 30 = 41$ $35 = 41$	☐ wahr ☒ falsch	$4 - 5 = 7 + 2 \cdot 5$ $-1 = 17$	☐ wahr ☒ falsch
$x = -1$	$10 \cdot (-1) - 7 = 43$ $-17 = 43$	☐ wahr ☒ falsch	$-1 + 30 = 41$ $29 = 41$	☐ wahr ☒ falsch	$4 - (-1) = 7 + 2 \cdot (-1)$ $5 = 5$	☒ wahr ☐ falsch
	$10 \cdot x - 7 = 43$		$x + 30 = 50 - 9$		$4 - x = 7 + 2 \cdot x$	
	$L = \{\ 5\ \}$		$L = \{\ 11\ \}$		$L = \{\ -1\ \}$	

2 Welche Zahl muss eingesetzt werden, damit die Aussage wahr ist?

a) $y - 7 = 35$ $y = \underline{42}$
b) $100 + x = 220$ $x = \underline{120}$
c) $14 \cdot a = 28$ $a = \underline{2}$
d) $k : 2 = 3$ $k = \underline{6}$

e) $f - 4 = 8$ $f = \underline{12}$
f) $g + 2 = 2$ $g = \underline{0}$
g) $b \cdot 5 = 20$ $b = \underline{4}$
h) $30 : d = 5$ $d = \underline{6}$

3 Sind die angegebenen Lösungen richtig? Kreuze an.

a) $7a - 2 = 6a + 3$ Lösungen: 5   ☒ richtig ☐ falsch
b) $1b + 7b = 9 - 1b$ Lösungen: 2   ☐ richtig ☒ falsch
c) $45 : 5c = 9$ Lösungen: 1   ☒ richtig ☐ falsch
d) $x^2 + 1 = 5$ Lösungen: 2; −2   ☒ richtig ☐ falsch

Anwenden und Vernetzen

4

a) Binde die Luftballons mit den Lösungen der Ungleichungen an die richtige Tasche.
Hinweis: Mehrere Luftballons bleiben übrig.
b) Ersetze jeweils „<" bzw. „>" durch „=". Schreibe die entstandenen Gleichungen und deren Lösungen auf.

$4x - 7 = 13$ Lösung: 5 $3x + 9 = 24$ Lösung: 5 $6x - 4 = 50$ Lösung: 9

5 Bilde jeweils drei Gleichungen, die die angegebene Lösungsmenge haben.
Hinweis: Kontrolliert die Gleichungen gegenseitig.

$L = \{10\}$ individuelle Lösung

$L = \{5\}$ individuelle Lösung

$L = \{0\}$ individuelle Lösung

6 Zum Einzäunen der abgebildeten Pferdekoppel stehen 80 m Zaun zur Verfügung. Bestimme x.

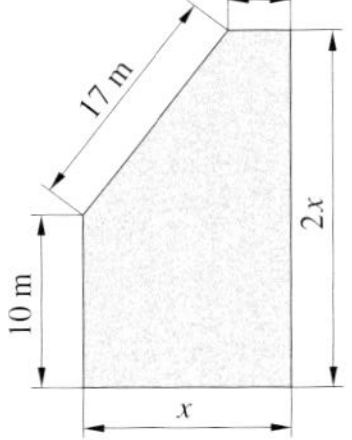

$10\,m + 17\,m + 5\,m + 2x + x = 80\,m$

$32\,m + 3x = 80\,m$

$3x = 48\,m$

$x = 16\,m$

Planfigur

7 Formuliere zu den gegebenen Zusammenhängen Gleichungen und gib deren Lösungen an.

a) Ich denke mir eine Zahl. Addiere ich zu ihr 17, erhalte ich 29.

Gleichung: $x + 17 = 29$ Lösung: 12

b) Subtrahiere ich von einer gedachten Zahl 5, bleiben 36 übrig.

Gleichung: $x - 5 = 36$ Lösung: 41

c) Addiere ich zu einer Zahl ihr Doppeltes, ist das Ergebnis 27.

Gleichung: $x + 2x = 27$ Lösung: 9

Termumformungen

▶ Grundwissen

Alle Termumformungen dürfen am Wert des Terms nichts ändern.

In Summen und Differenzen kann man Vielfache gleicher Variablen zusammenfassen. Dabei werden die Koeffizienten addiert bzw. subtrahiert.

In Produkten aus Zahlen und Variablen kann man die Koeffizienten und die Variablen getrennt miteinander multiplizieren.

Beispiele: $7d + 5d - 4d + 2h = $ __$8d + 2h$__

$2d \cdot 4h \cdot 3 = $ __$24dh$__

▶ Auftrag: Vervollständige die Beispiele.

Trainieren und Festigen

1 Die Figuren wurden mithilfe einer Schablone in einem Zug im Uhrzeigersinn gezeichnet. Beschreibe jeweils zuerst mithilfe eines Terms die zurückgelegte Strecke und fasse danach zusammen.

a)
$c + a + b + a$
$= a + a + b + b + c$
$= 2a + 2b + c$

b)
$s + d + d + s + d + d$
$= d + d + d + d + s + s$
$= 4d + 2s$

c)
$b + a + b + c + c$
$= a + b + b + c + c$
$= a + 2b + 2c$

2 Fasse, wenn möglich, zusammen.

a) $8a + 2a - 2a = $ __$8a$__

b) $7x - 3x + 18 = $ __$4x + 18$__

c) $11b - 2b - 3 + b = $ __$10b - 3$__

d) $27m + 13 - 4m + 15 = $ __$23m + 28$__

e) $x + a + b + 3x = $ __$a + b + 4x$__

f) $12x^2 - 2b + 6x^2 - 8b = $ __$-10b + 18x^2$__

g) $1.4x + 2.4x = $ __$3.8x$__

h) $3x^2 + 3y^2 + 3z^3 = $ __$3x^2 + 3y^2 + 3z^3$__

i) $5 + y^2 - 15 = $ __$y^2 - 10$__

j) $3o + 4p + 14o = $ __$17o + 4p$__

k) $a + a + b + c + b = $ __$2a + 2b + c$__

l) $d + d + a - 2d + 3a - 4a = $ __0__

m) $7 + 4x - 11 + 5y = $ __$-4 + 4x + 5y$__

n) $-1x + 5y - 4x - 1y - 1y = $ __$-5x + 3y$__

o) $6.2x + 8.1y + 1.3x = $ __$7.5x + 8.1y$__

p) $ab + 4g - 4ab - 3g + 1 = $ __$-3ab + 1g + 1$__

q) $xy - 4x - 5xy - 11xy = $ __$-15xy - 4x$__

r) $12g + 3.5k - 1.2 = $ __$12g + 3.5k - 1.2$__

s) $2a \cdot 7b = $ __$14ab$__

t) $5s \cdot 7t + 2s = $ __$35st + 2s$__

Anwenden und Vernetzen

3 Finde jeweils zwei Terme zur Berechnung des Umfangs und des Flächeninhalts der Figuren.
Hinweis: Mithilfe zusätzlicher Beschriftungen und eingezeichneter Hilfslinien geht es leichter.

a)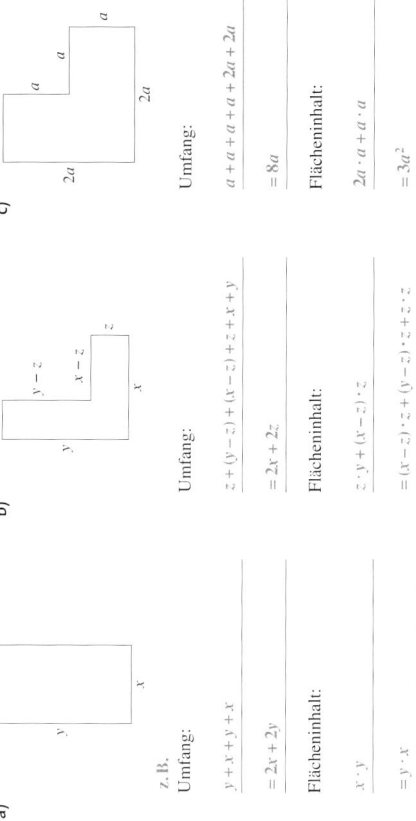

z.B.
Umfang:
$y + x + y + x$
$= 2x + 2y$

Flächeninhalt:
$x \cdot y$
$= y \cdot x$

b)
Umfang:
$z + (y - z) + (x - z) + z + x + y$
$= 2x + 2y$

Flächeninhalt:
$z \cdot y + (x - z) \cdot z$
$= (x - z) \cdot z + (y - z) \cdot z + z \cdot z$

c)
Umfang:
$a + a + a + a + 2a + 2a$
$= 8a$

Flächeninhalt:
$2a \cdot a + a \cdot a$
$= 3a^2$

4 Mascha ging mit Caro auf einen Rummel. Jede von beiden fuhr zweimal mit dem Karussell und dreimal mit der Achterbahn. Zum Schluss kaufte sich jede einen Bratapfel. Eine Fahrt mit dem Karussell kostete pro Person 1,50 € und mit der Achterbahn 2,00 €. Die Bratäpfel gab es für insgesamt 3,20 €.
Stelle einen Term zur Berechnung der Gesamtkosten auf und berechne damit die Gesamtkosten.

$4 \cdot 1{,}50 € + 6 \cdot 2{,}00 € + 3{,}20 € = 21{,}20 €$

Die beiden Freundinnen haben auf dem Rummel zusammen 21,20 € ausgegeben.

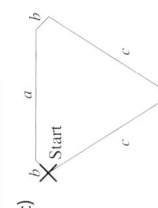

5 Die Klassenfahrt der 7c soll geplant werden. Der Bus kostet 36 € pro Person einfache Fahrt.
Für die Unterkunft werden 60 € pro Schüler für 5 Übernachtungen incl. Halbpension berechnet.

a) Stelle einen Term auf, mit dem man die Kosten der Klassenfahrt berechnen kann.
Gib die Bedeutung der Variablen an.

$(36 € \cdot x) \cdot 2 + 60 € \cdot x$

x steht für die Anzahl der Schüler.

b) Berechne die Kosten bei 24 Schülern.

$(36 € \cdot 24) \cdot 2 + 60 € \cdot 24$
$= 3168 €$

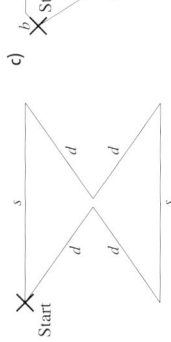

c) Für die Klassenfahrt soll jeder 155 € auf das Klassenkonto überweisen. Ist dies sinnvoll?

individuelle Lösung (Mit 132 € pro Schüler wären

die Kosten für Fahrt, Unterkunft und Essen gedeckt.

Die zusätzlichen 13 € sind vermutlich für zusätzliche

Aktivitäten gedacht.)

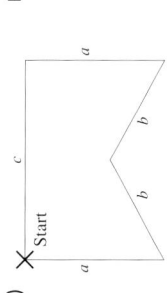

Terme und einfache Gleichungen

Terme

▶ Grundwissen

Sinnvolle Rechenausdrücke mit Zahlen, Variablen (Platzhaltern), Rechenzeichen bzw. Klammern nennt man Terme. Sie können auch nur aus einer Zahl oder Variablen bestehen.
Die Relationszeichen wie „=", „<", „>", „≤", „≥", ... kommen in Termen nicht vor.

Beispiele und Gegenbeispiele:

$5 \cdot x$ ✓	$12x-6y-4$ ✓	$12x-4y=0$	$3{,}5^*$	$2 < y - 4x$	$(x \cdot y)^2 - 2$ ✓	2 ✓
7 Autos ✓	$a+b+c-d+45$ ✓	$45:)$	$(4+5)y$ ✓	$(78+)$	$78 : 4x$ ✓	$4m - 4dm$ ✓

Setzt man in einen Term für jede Variable eine Zahl aus dem Definitionsbereich ein, so nimmt der Term einen Wert an.

Beispiel: Wird in $a : 2 + 5b$ für $a = 9$ und für $b = 2$ eingesetzt, so ist der Wert des Terms 14,5.
denn $9 : 2 + 5 \cdot 2 = 14{,}5$.

Terme heißen wertgleich oder äquivalent, wenn sie für alle Zahlen aus den Grundmengen der Variablen den gleichen Wert ergeben. Zwischen äquivalente Terme darf man ein Gleichheitszeichen schreiben.

▶ Auftrag: Markiere die Ausdrücke, die Terme sind.

Trainieren und Festigen

1 Unterstreiche die Ausdrücke, die keine Terme sind.
Ergänze sie, wenn möglich, sodass Terme entstehen.

a) $x - 4 + y$
b) $13 \cdot (x - 5)$
c) $4 - d = 7 +$
d) $\dfrac{a}{2} + 3$

e) $x + 15$
f) $4 \cdot 23 - 18$
g) $x : 4 + y$
h) $x \cdot 4 + y =$

2 Gegeben sind drei Stecken mit den Längen $a = 2$ cm, $b = 3$ cm und $c = 4{,}5$ cm.
Stelle die folgenden Terme dar, indem du die Strecken hintereinander (aneinander) zeichnest.

a) $a + 2 \cdot b$ Lösung: 8 cm lange Strecke

b) $a + b + c$ Lösung: 9,5 cm lange Strecke

c) $2 \cdot c + a$ Lösung: 11 cm lange Strecke

3 Berechne die Termwerte zu den gegebenen Werten für x.

	$4 \cdot x$	$x + 7$	$x - 2$	$3 \cdot x + 5$
Wert des Terms für $x = 2$	8	9	0	11
Wert des Terms für $x = -2$	-8	5	-4	-1
Wert des Terms für $x = 0$	0	7	-2	5
Wert des Terms für $x = -1$	-4	6	-3	2

4 Bilde mithilfe der Karten Paare äquivalenter Terme.

$a + b$ $b + a$ $a \cdot b$ $2a$ $a \cdot b$ $a + a$ $b + 2a - b$

$a + b = b + a;\quad 2a = a + a;\quad 2a = b + 2a - b;\quad b + 2a - b = a + a$

Anwenden und Vernetzen

5 Streichholzmuster

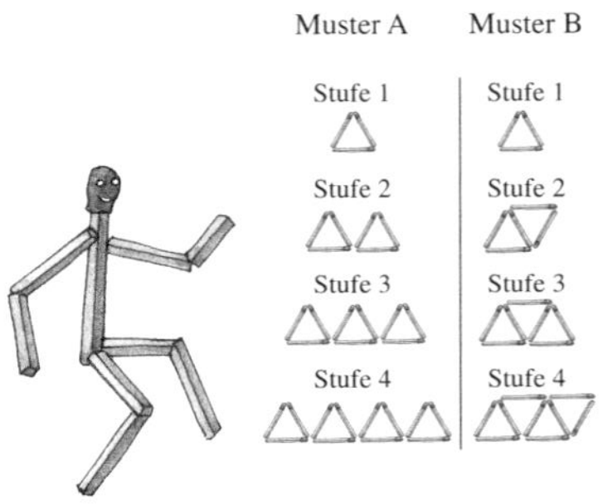

Muster A   Muster B

Stufe 1   Stufe 1
Stufe 2   Stufe 2
Stufe 3   Stufe 3
Stufe 4   Stufe 4

a) Wie viele Streichhölzer braucht man jeweils für die Stufe 5?

Muster A: 15 Streichhölzer   Muster B: 11 Streichhölzer

b) Bis zu welcher Stufe können die Muster gelegt werden, wenn man 50 Streichhölzer hat?

Muster A: bis Stufe 16   Muster B: bis Stufe 24

c) Welcher der Terme ist zur Berechnung der Gesamtzahl der benötigten Hölzer von Stufe n geeignet?
Kreuze diese an.

Muster A
☒ $3 \cdot n$ ☐ n

Muster B
☒ $2 \cdot n + 1$ ☐ $3 + n$

6 Ein Quadrat wird immer so durch kleine Quadrate ergänzt, sodass ein größeres Quadrat entsteht.

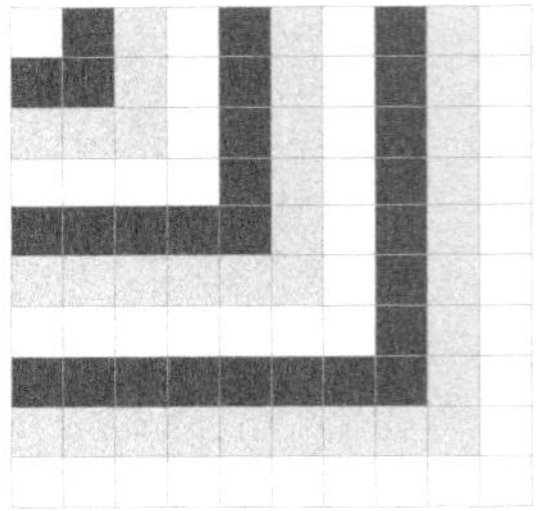

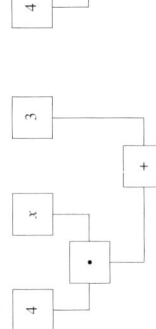

a) Wie viele kleine Quadrate werden für das n-te Quadrat insgesamt benötigt? Gib einen Term zur Berechnung an.

$n \cdot n$ bzw. n^2

b) Wie viele kleine Quadrate sind an ein Quadrat anzulegen, um das nächstgrößere $(n + 1)$-te Quadrat zu erhalten? Gib einen Term an.

$n + n + 1$ bzw. $2n + 1$

7 Rechenbäume

a) Übersetze die Rechenbäume in Terme.

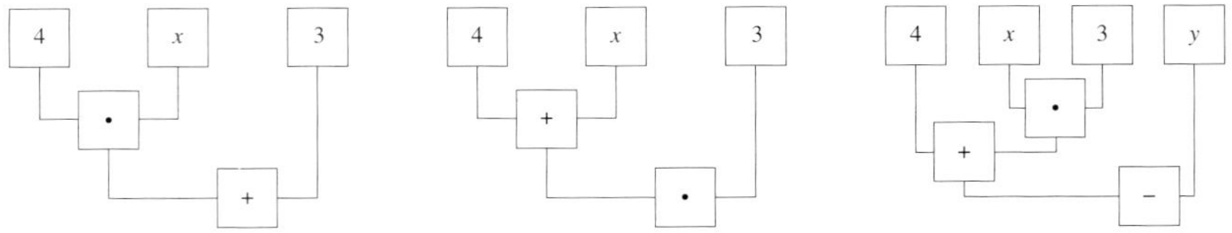

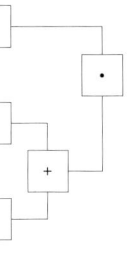

$4 \cdot x + 3$ $(4 + x) \cdot 3$ $(4 + 3 \cdot x) - y$

b) Zeichne zu jedem Term einen passenden Rechenbaum.

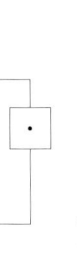

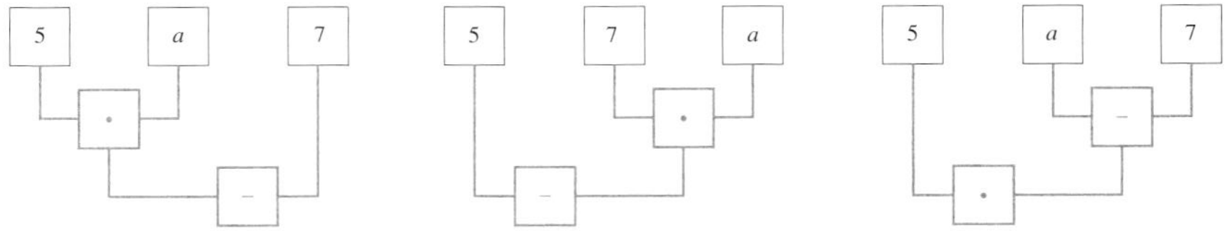

$5 \cdot a - 7$ $5 - 7 \cdot a$ $5 \cdot (a - 7)$

c) Vergleiche die Werte der Terme bei b für $a = 5$.

$5 \cdot 5 - 7 = 18$ $5 - 7 \cdot 5 = -30$ $5 \cdot (5 - 7) = -10$

$-30 < -10 < 18$

46 Beschreibende Statistik

Vergleichen von Datenmengen

▶ **Grundwissen**

Boxplots sind Diagramme, in denen 5 besondere Werte einer Datenmenge dargestellt werden. Sie werden auch „5-Kennwert-Zusammenfassung" genannt.

[Diagramm mit Zuordnungspfeilen: Maximum, Minimum, Zentralwert, Dreiviertelwert (oberes Quartil), Viertelwert (unteres Quartil)]

▶ **Auftrag:** Verbinde die Begriffe mit den richtigen Stellen am Boxplot.

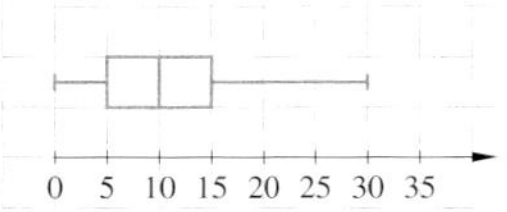

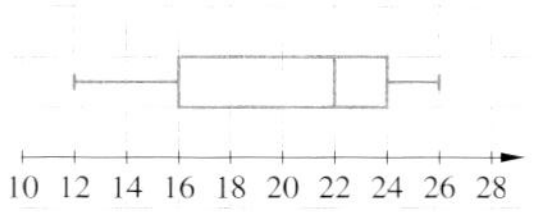

Trainieren und Festigen

1 Lies die Werte bei **a** ab. Zeichne oben bei **b** und **c** jeweils ein Boxplot.

a)
Minimum: 0
Viertelwert: 2
Zentralwert: 3
Dreiviertelwert: 5
Maximum: 7

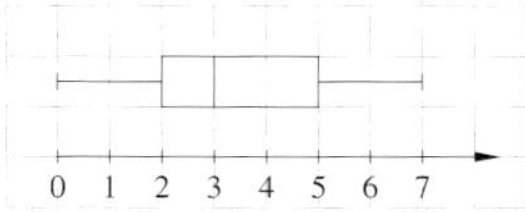

b)
Minimum: 0
Viertelwert: 5
Zentralwert: 10
Dreiviertelwert: 15
Maximum: 30

c)
Minimum: 12
Viertelwert: 16
Zentralwert: 22
Dreiviertelwert: 24
Maximum: 26

2 Ein Basketballverein hat die letzten 10 Spiele mit folgenden Korbunterschieden gewonnen bzw. verloren.
−3; 5; −12; 15; 17; −8; 11; −4; −1; 3
Ergänze die gesuchten Werte und zeichne ein Boxplot.

Maximum: 17   Minimum: −12
Spannweite: 29   Zentralwert: 1
Viertelwert: −4   Dreiviertelwert: 11

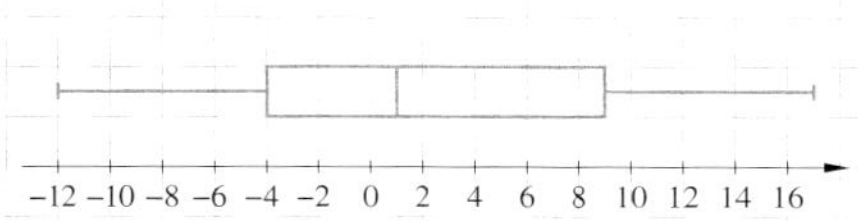

3 An einer Wetterstation wurde im Winter alle zwei Stunden die aktuelle Temperatur gemessen.
Temperatur in °C: 1,4; −2,3; −3,2; −2,4; −0,8; −0,2; 0,6; 2,4; 1,6; 0,7; 0,3; −0,4; −0,5
Stelle die Daten mithilfe eines Boxplots dar.

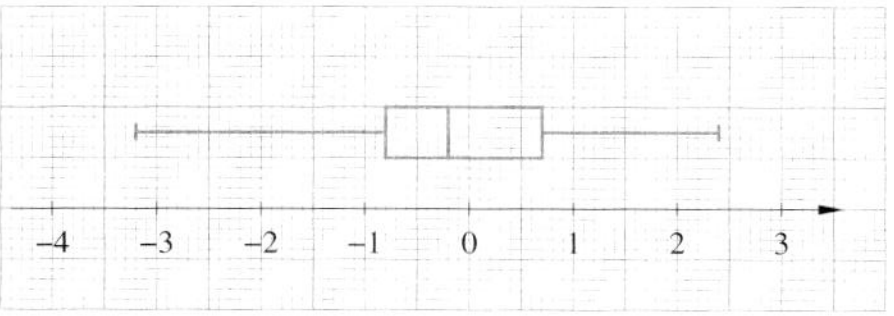

47 Vergleichen von Datenmengen

Anwenden und Vernetzen

4 Durchschnittliche Monatstemperaturen von Novogorod (Russland) und von Rio Gallegos (Argentinien)

Ort: Novogorod (Russland)

Monat	Jan.	Febr.	März	April	Mai	Juni	Juli	Aug.	Sept.	Okt.	Nov.	Dez.
°C	−9	−8	−3	4	12	16	17	16	10	5	−1	−6

Ort: Rio Gallegos (Argentinien)

Monat	Jan.	Febr.	März	April	Mai	Juni	Juli	Aug.	Sept.	Okt.	Nov.	Dez.
°C	13	13	11	8	4	1	2	3	5	8	11	12

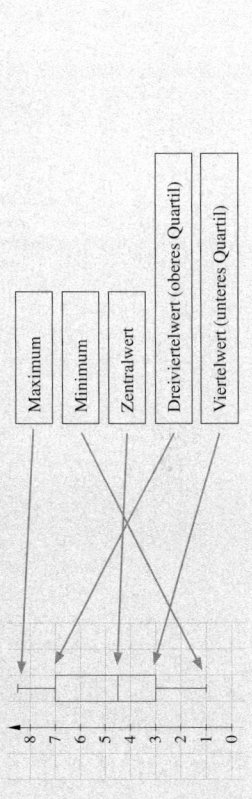

Ort: Novogorod (Russland)

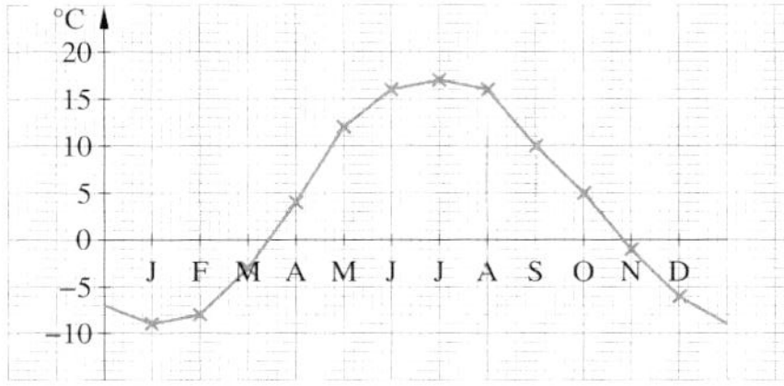

Boxplot

Ort: Rio Gallegos (Argentinien)

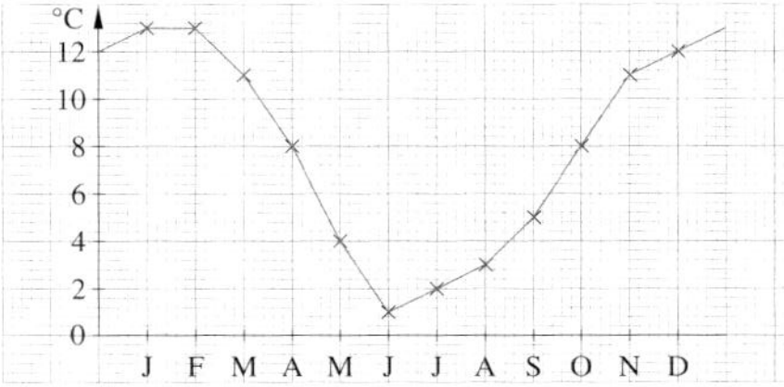

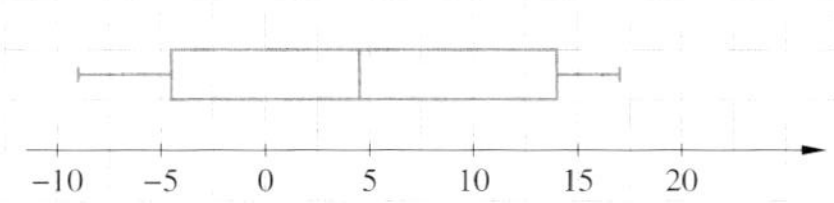

Boxplot

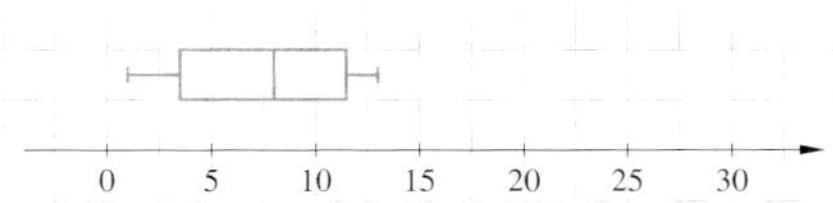

a) Ergänze die Gegenüberstellungen.

b) Gräser wachsen in der Regel bei Durchschnittstemperaturen unter 5 °C nicht weiter. Gib jeweils den Anteil eines Jahres, in dem Gräser wachsen, in Prozent an. Nenne eine mögliche praktische Bedeutung dieser Angabe.

Rio Gallegos: In 8 von 12 Monaten wachsen Gräser, d.h. ca. 66,6 % eines Jahres.

Novogorod: _____ In 5 bis 6 von 12 Monaten wachsen Gräser, d.h. ca. 50 % eines Jahres.

Demzufolge steht z. B. in 3 bzw. 8 Monaten ausreichend frisches Gras für die Tierfütterung zur Verfügung.

c) Wann ist in beiden Orten Winter? Warum ist das so verschieden?
Hinweis: Suche beide Orte im Atlas oder auf einem Globus.

In Rio Gallegos ist in den Monaten Juli bis August Winter, da der Ort auf der Südhalbkugel liegt.

In Novogorod ist in den Monaten Dezember bis Februar Winter, der Ort liegt auf der Nordhalbkugel.

Wichtig: Auf Seite 61 kannst du dein Wissen zum gesamten Kapitel 6 „Beschreibende Statistik" testen.

Beschreibende Statistik

Besondere Werte einer Datenmenge

▶ Grundwissen

Die Spannweite ist die Summe vom größten und kleinsten Wert in einer Datenliste.	☐ wahr	☒ falsch
Die Spannweite ist die Differenz vom größten und kleinsten Wert in einer Datenliste.	☒ wahr	☐ falsch
Der Zentralwert wird auch Median genannt.	☒ wahr	☐ falsch
Der Modalwert ist immer genauso groß wie der Modalwert.	☐ wahr	☒ falsch
Der Modalwert ist der Wert, der am häufigsten vorkommt.	☒ wahr	☐ falsch
Der Zentralwert steht in der Mitte einer geordneten Datenmenge. Gibt es eine gerade Anzahl von Daten, ist der Zentralwert das arithmetische Mittel der beiden mittleren Daten.	☒ wahr	☐ falsch

▶ Auftrag: Kreuze an.

Trainieren und Festigen

1 Ermittle den Zentralwert, das arithmetische Mittel und die Spannweite aller natürlichen Zahlen von 0 bis 6.

Datenliste: 0; 1; 2; 3; 4; 5; 6   Zentralwert: 3

arithmetisches Mittel: $(0+1+2+3+4+5+6):7 = 3$ Spannweite: 6

2 Ermittle den Zentralwert, das arithmetische Mittel und die Spannweite aller ganzen Zahlen von –5 bis 0.

Datenliste: –5; –4; –3; –2; –1; 0   Zentralwert: –2,5

arithmetisches Mittel: $((-5)+(-4)+(-3)+(-2)+(-1)+0):6 = -2,5$ Spannweite: 5

3 Sabine erhielt beim Würfeln folgende Augenzahlen. 3; 5; 6; 3; 1;   1; 2; 5; 5; 1;   6; 6; 4; 4; 3;   2; 5; 6; 1; 4

a) Erstelle eine Häufigkeitstabelle zur Anzahl der geworfenen Augenzahlen.

Augenzahl	1	2	3	4	5	6
absolute Häufigkeit	4	2	3	3	4	4
relative Häufigkeit	$\frac{4}{20} = 0,2$	$\frac{2}{20} = 0,1$	$\frac{3}{20} = 0,15$	$\frac{3}{20} = 0,15$	$\frac{4}{20} = 0,2$	$\frac{4}{20} = 0,2$

b) Wie viele der Wurfergebnisse sind größer als der Zentralwert?

Der Zentralwert ist 4.   8 Wurfergebnisse sind größer als 4.

c) Wie viele der Wurfergebnisse sind kleiner als das arithmetische Mittel?

Das arithmetische Mittel beträgt 3,65.   9 Wurfergebnisse sind kleiner.

d) Würfle 20-mal. Gib die Wurfergebnisse und deren Kenngrößen an.
individuelle Lösungen

Wurfergebnisse: _____

arithmetisches Mittel: _____

Spannweite: _____

Modalwert: _____

Zentralwert: _____

Anwenden und Vernetzen

4 In einer Klassenarbeit haben die Jungen folgende Punktzahlen erreicht.
20; 15; 17; 23; 13; 10; 12; 13; 18; 6; 16

a) Schreibe die Punkteverteilung in einem Stängel-Blatt-Diagramm auf.

0	6
1	0; 2; 3; 5; 6; 7; 8
2	0; 3

b) Bestimme den Punktedurchschnitt, die Spannweite, die Modalwerte und den Zentralwert.

Punktedurchschnitt: 14,8   Spannweite: 17   Modalwert: 13   Zentralwert: 15

c) Zur Klassenarbeit gehört folgender Notenspiegel.
Trage ein, bei wie vielen Punkten es vermutlich welche Note gab.
Stelle die Notenverteilung in einem Diagramm dar.

Note	Anzahl	z. B.	Note	Punkte
1	1		1	23 – 22
2	2		2	21 – 18
3	3		3	17 – 14
4	3		4	13 – 11
5	1		5	10 – 7
6	1		6	6 – 0

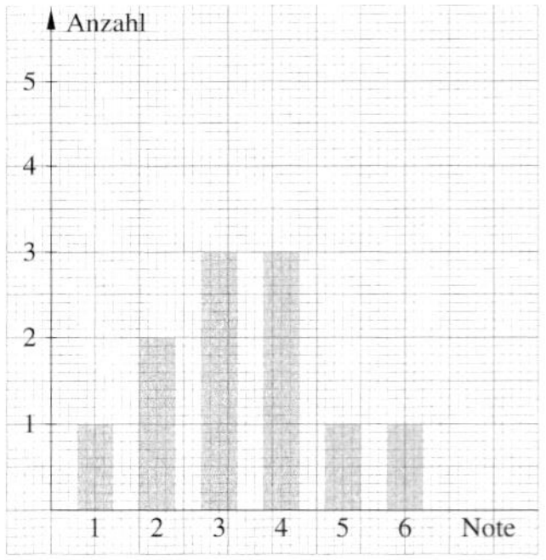

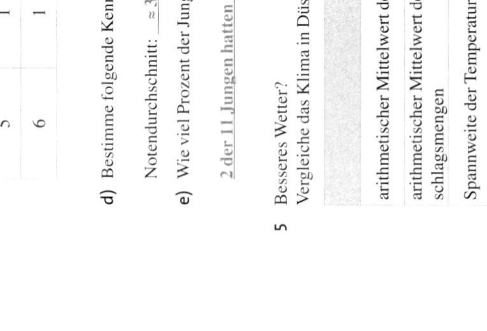

d) Bestimme folgende Kenngrößen der Notenverteilung.

Notendurchschnitt: ≈ 3,4   Spannweite: 5   Modalwerte: 3; 4   Zentralwert: 3

e) Wie viel Prozent der Jungen hatten eine schlechtere Note als 4?

2 der 11 Jungen hatten eine 5 oder eine 6, das sind etwa 18 %.

5 Besseres Wetter?
Vergleiche das Klima in Düsseldorf (oben) und auf Mallorca (unten).

	Düsseldorf		Mallorca
arithmetischer Mittelwert der Temperaturen	10,3 °C	<	15,8 °C
arithmetischer Mittelwert der Niederschlagsmengen	63,2 mm	>	34,5 mm
Spannweite der Temperaturen	15,9 Grad	>	15,0 Grad
Spannweite der Niederschlagsmengen	33 mm	<	54 mm
Zentralwert der Temperaturen	10,2 °C	<	14,75 °C
Zentralwert der Niederschlagsmengen	65 mm	>	41,5 mm

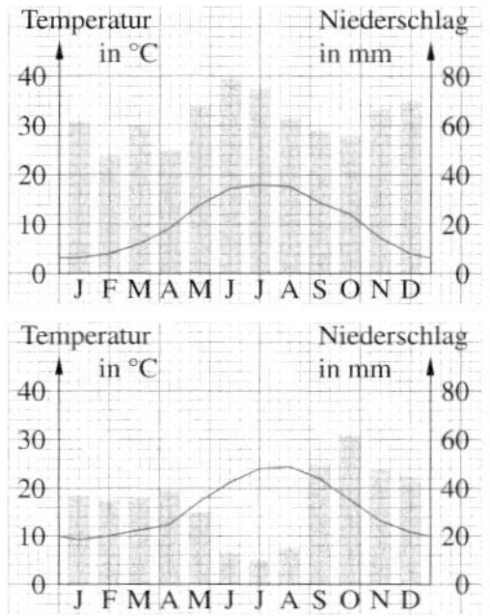

Konstruktion von Dreiecken

Kongruenzsätze für Dreiecke

▶ **Grundwissen**

Kongruenzsatz sss :
Stimmen zwei Dreiecke in den Längen der drei Seiten überein, so sind sie zueinander kongruent.

Kongruenzsatz sws :
Stimmen zwei Dreiecke in den Längen zweier Seiten und der Größe des von diesen eingeschlossenen Winkels überein, so sind sie zueinander kongruent.

Kongruenzsatz wsw :
Stimmen zwei Dreiecke in der Länge einer Seite und den Größen der beiden anliegenden Winkel überein, so sind sie zueinander kongruent.

Kongruenzsatz SsW :
Wenn zwei Dreiecke in den Längen zweier Seiten und der Größe des Gegenwinkels der größeren Seite übereinstimmen, so sind sie zueinander kongruent.

Auf der Grundlage der Kongruenzsätze lassen sich Dreiecke eindeutig konstruieren.

▶ **Auftrag:** Ergänze die Kurzbezeichnungen der Kongruenzsätze.

Trainieren und Festigen

1 Zeichne jeweils das Dreieck ABC.
Welcher Kongruenzsatz gehört zu den gegebenen Dreiecksangaben?
Erstelle eine Konstruktionsbeschreibung zu einer Teilaufgabe.

a) $a = 5{,}2$ cm; $b = 3{,}1$ cm; $c = 5{,}2$ cm sss

b) $b = 3{,}7$ cm; $c = 5{,}1$ cm; $\alpha = 26°$ sws

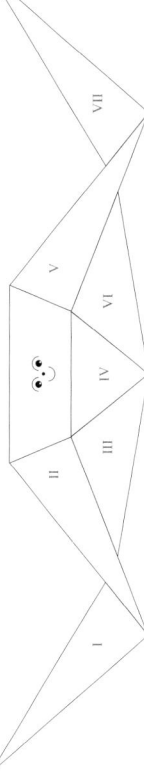

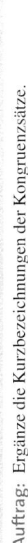

individuelle Beschreibung der Konstruktionen

Anwenden und Vernetzen

2 Zueinander kongruente Dreiecke und Dreiecksarten

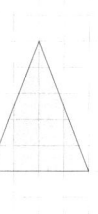

a) Welche Dreiecke sind zueinander kongruent?

Zueinander kongruent sind   (1,) I, II, V und VII   bzw.   (2,) III und VI.

b) Ordne die Dreiecke den genannten Dreiecksarten zu und gib die Größen der Innenwinkel an.

rechtwinklige Dreiecke: I; II; V; VII   Größen der Innenwinkel: 18 : 90 : 72

stumpfwinklige Dreiecke: III; VI   Größen der Innenwinkel: 108 ; 30 ; 42°

spitzwinklige Dreiecke: IV   Größen der Innenwinkel: 76 ; 52 ; 52

3 Vervollständige, wenn möglich, die angefangenen Dreieckskonstruktionen. Was fällt dir auf?

$c = 3{,}0$ cm; $a = 2{,}0$ cm; $c = 3{,}0$ cm; $b = 2{,}0$ cm;
$\beta = 63°$ $\beta = 63°$

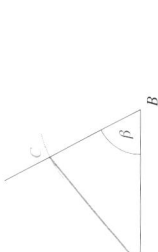
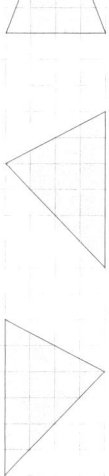

z. B.
Nach Kongruenzsatz sws entsteht bei der ersten Zeichnung genau ein Dreieck.

Aus den Angaben rechts lässt sich kein Dreieck konstruieren

4 Entscheide ohne zu messen, welche der Dreiecke zueinander kongruent sind. Begründe deine Aussagen.

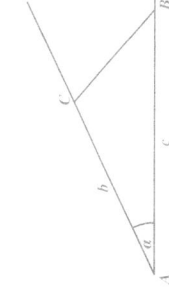

z. B.
Begründen der Entscheidungen mithilfe des Kästchenrasters

Die Dreiecke 1, 2 und 4 sind zueinander kongruent, denn ihre Seitenlängen (sss) stimmen überein. Dreieck 3 unterscheidet sich von diesen in zwei Seitenlängen und zwei Winkeln.

Wichtig: Auf Seite 60 kannst du dein Wissen zum gesamten Kapitel 5: „Konstruktion von Dreiecken" testen.

Kongruenz zweier Dreiecke

▶ Grundwissen

Die Form und die Größe eines Dreiecks sind durch seine
drei Seitenlängen und drei Winkelgrößen bestimmt.

Dreiecke, die in drei Winkelgrößen und drei Seitenlängen
übereinstimmen sind ___zueinander kongruent.___

Oft reichen dafür weniger Angaben.

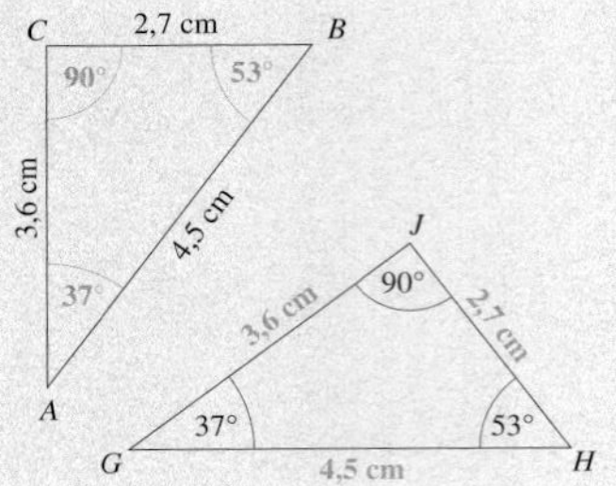

▶ **Auftrag:** Ergänze den Satz. Gib die Seitenlängen und die Winkelgrößen der Dreiecke an.

Trainieren und Festigen

1 Miss die Seitenlängen und Winkelgrößen. Färbe dann zueinander kongruente Dreiecke mit der gleichen Farbe ein.

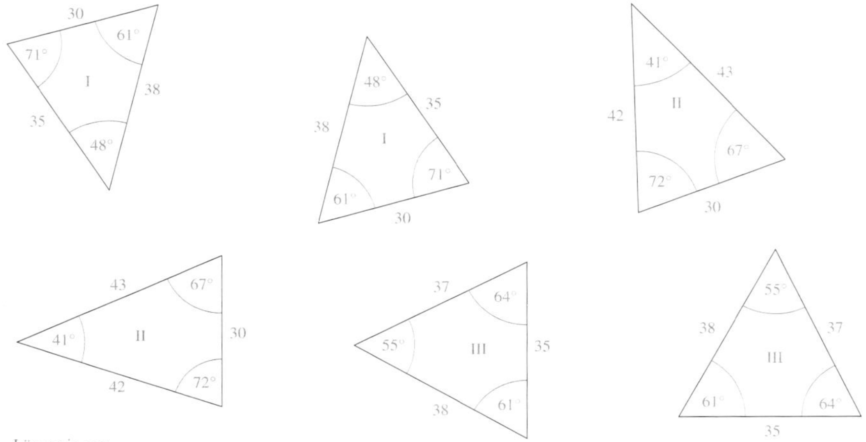

Längen in mm

2 Ergänze zu zueinander kongruenten Dreiecken.

a)

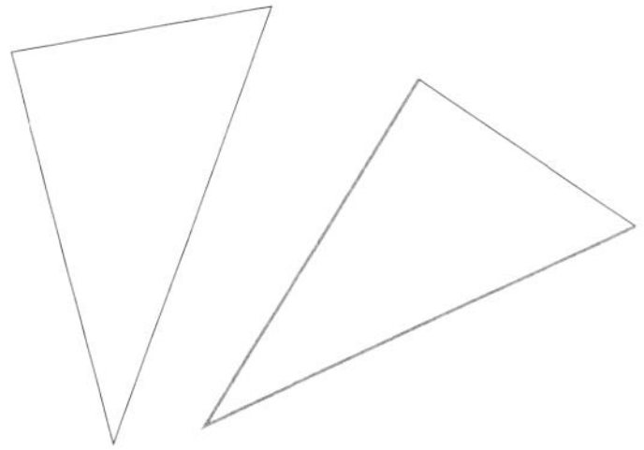

b)

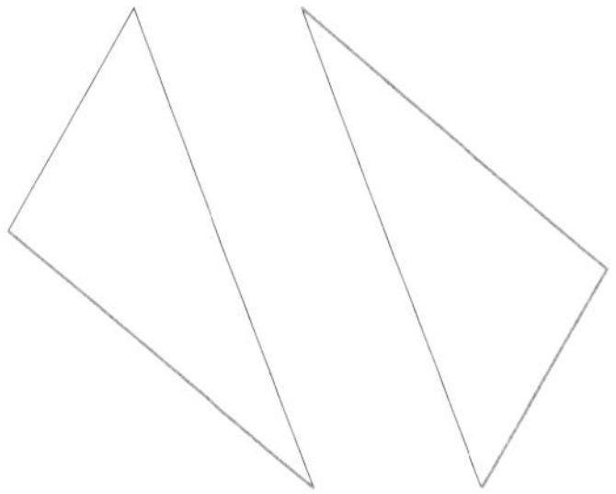

Anwenden und Vernetzen

3 Konstruiere, wenn möglich, zwei Dreiecke aus den gegebenen Seitenlängen bzw. Winkelgrößen.
Kreuze an, wie viele unterschiedliche Dreiecke jeweils konstruiert werden können.

a) Dreieck 1:	3 cm, 4 cm und 5 cm	☐ kein Dreieck	☒ nur ein Dreieck	☐ mehrere Dreiecke
b) Dreieck 2:	2 cm, 3 cm und 6 cm	☒ kein Dreieck	☐ nur ein Dreieck	☐ mehrere Dreiecke
c) Dreieck 3:	30°, 80° und 70°	☐ kein Dreieck	☐ nur ein Dreieck	☒ mehrere Dreiecke
d) Dreieck 4:	45°, 60° und 4 cm	☐ kein Dreieck	☐ nur ein Dreieck	☒ mehrere Dreiecke
e) Dreieck 5:	73°, 86° und 41°	☒ kein Dreieck	☐ nur ein Dreieck	☐ mehrere Dreiecke

z. B.

a)

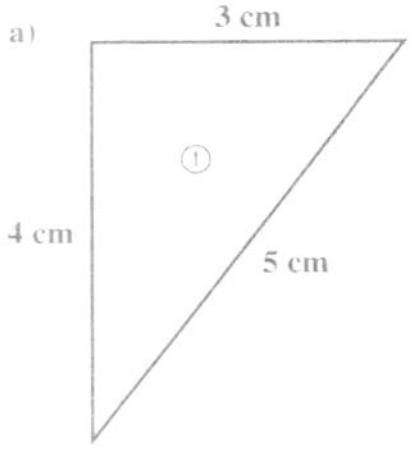

b) Dreieck nicht konstruierbar

c)

z. B.

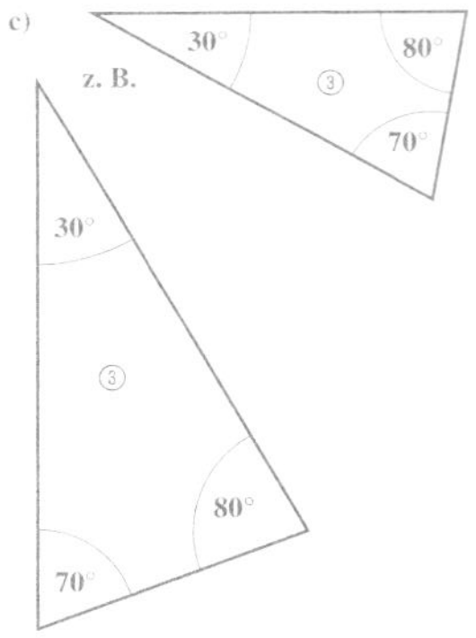

d)

z. B.

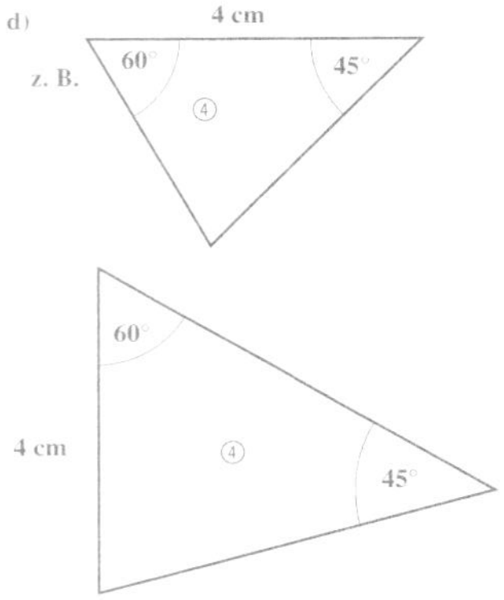

e) Dreieck nicht konstruierbar

4 Stell dir vor, auf einem Tisch liegt jeweils ein 1 cm, ein 3 cm, ein 5 cm und ein 7 cm
langes Stäbchen. Daraus sollen Dreiecke gelegt werden.

a) Schreibe die Seitenlängen aller Dreiecke, die gelegt werden können, auf.
Hinweis: Lege die Dreiecke z. B. mit Papierstreifen oder Holzstäbchen.

3 cm, 5 cm, 7 cm;   4 cm, 5 cm, 7 cm;

3 cm, 6 cm, 7 cm;   6 cm, 5 cm, 7 cm

b) Es gibt Stäbchen, aus denen niemand ein Dreieck legen kann.
Schreibe drei Beispiele auf und erkläre, warum es nicht geht.

1 cm, 3 cm, 5 cm;   1 cm, 5 cm, 7 cm;   1 cm, 3 cm, 7 cm

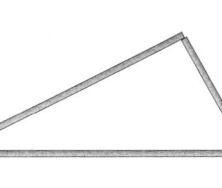

Konstruktion von Dreiecken

Kongruente Figuren

▶ Grundwissen

Figuren, die durch __Verschieben, Drehen oder Spiegeln__
zur Deckung gebracht werden können, sind zueinander kongruent
(deckungsgleich).

▶ Auftrag: Vervollständige den Satz.

Trainieren und Festigen

1 Welche der Drachen sind zueinander kongruent?

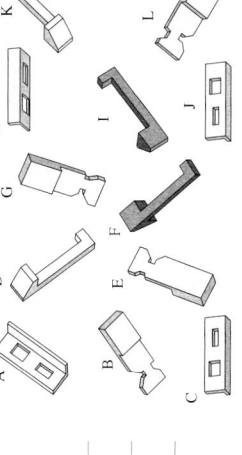

Die Drachen 4 und 8 sind zueinander kongruent.

2 Kongruente Vierecke

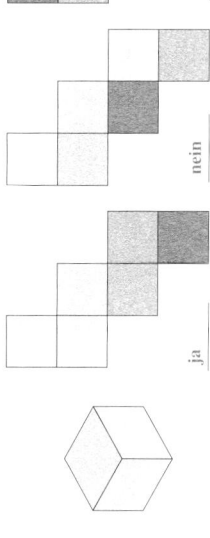

a) Finde die kongruenten Vierecke zum Viereck ABCD und ergänze die Tabelle.

kongruente Vierecke zu Viereck ABCD	Viereck IKLM	Viereck NOPQ	Viereck RSTU	Viereck VWXY
Punkt A entspricht Punkt …	K	N	R	W
Seite $\overline{BC}$ entspricht …	$\overline{LM}$	$\overline{OP}$	$\overline{TU}$	$\overline{VY}$

b) Zeichne zwei weitere Vierecke, die zu Viereck ABCD kongruent sind.   Lösung individuell

Anwenden und Vernetzen

3 Es sind die Einzelteile von Türschlössern zu sehen.
Jeweils zwei sind gleich.
Welche sind es?

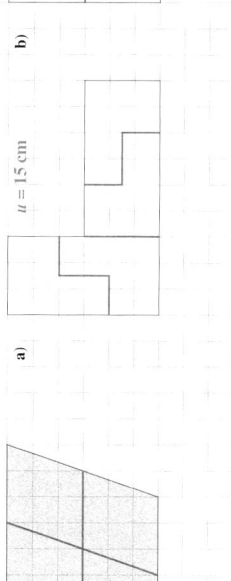

Gleiche Teile sind A und C, B und G,

D und K, E und L, F und I sowie H und J.

4 Aus welchen Netzen könnte der Würfel gefaltet werden?

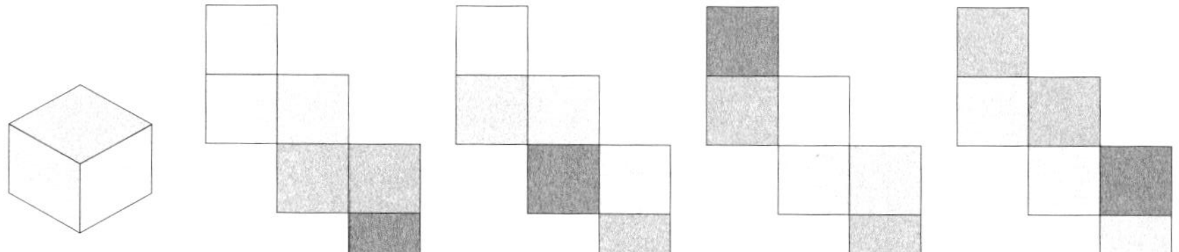

ja · nein · ja · ja

5 Zerlegen in kongruente Teilfiguren

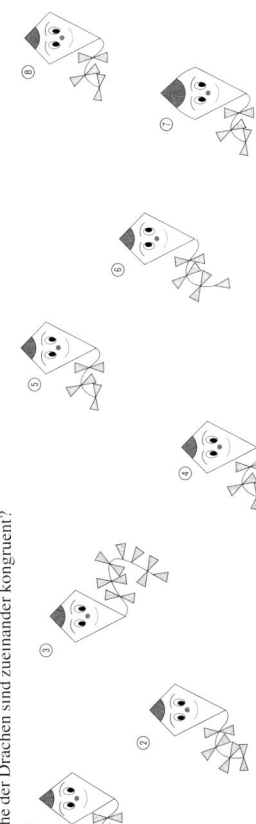

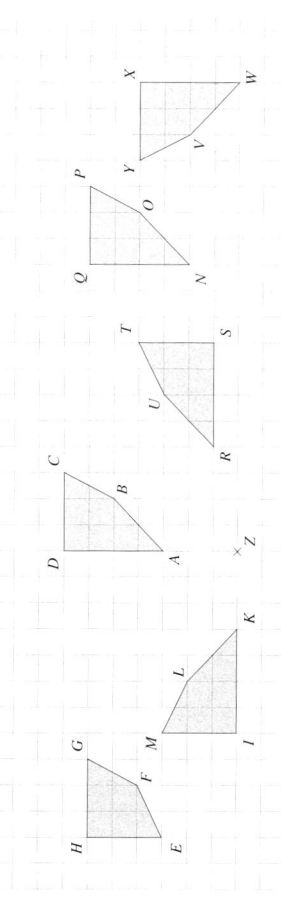

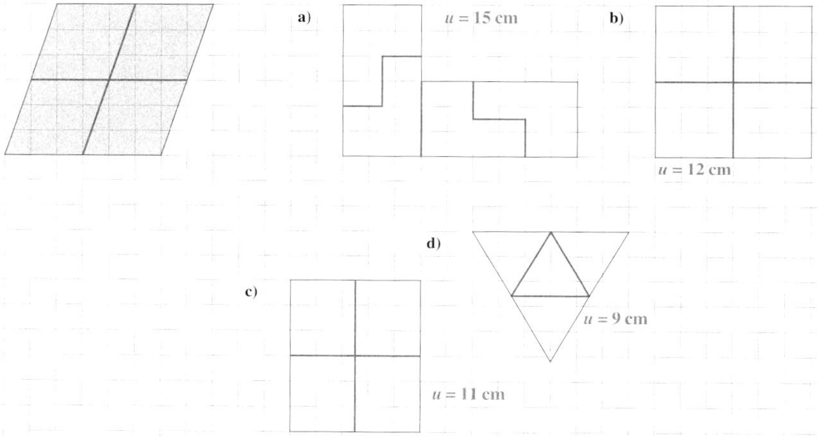

a) Zerlege die Figuren wie im Beispiel so in vier Teile, dass folgende Bedingungen erfüllt sind.
– Die Teile sind kongruent zueinander.
– Die Teile sind maßstäbliche Verkleinerungen der Ausgangsfigur.

b) Gib an, wie groß die Umfänge der Ausgangsfiguren sind.

Vermehrter und verminderter Grundwert

▶ Grundwissen

Wird ein Grundwert um einen bestimmten Prozentsatz erhöht bzw. gesenkt, so spricht man auch vom vermehrten bzw. verminderten Grundwert.

Beispiele:

vermehrter Grundwert	verminderter Grundwert
(Steigerung um … %, bzw. Steigerung auf … %)	(Senkung um … %, bzw. Senkung auf … %)
Während der Werbeaktion kostet ein Brot 1,60 €, danach werden alle Preise um 25 % erhöht.	Eine Hose kostete 80,00 €, zum Saisonende wird ihr Preis um 25 % reduziert.
100 % + 25 % = 125 %	100 % − 25 % = 75 %
100 % → 1,60 € :100	100 % → 80,00 € :100
1 % → 0,016 € ·125	1 % → 0,80 € ·75
125 % → 2,00 €	75 % → 60,00 €
Nach der Werbeaktion kostet es __2,00 €__.	Sie kostet zum Saisonende __60,00 €__.

▶ Auftrag: Ergänze die Rechnungen und die Antwortsätze.

Trainieren und Festigen

1 Berechne die fehlenden Werte. Nutze, wenn nötig, ein zusätzliches Blatt.

alter Preis	120,00 €	70,00 €	24,00 €	5,50 €	600,00 €	450,00 €
Verminderung	–	50 %	25 %	–	–	10 %
Vermehrung	3 %	–	–	100 %	10 %	–
neuer Preis	123,60 €	35,00 €	18,00 €	11,00 €	660 €	405,00 €
Wachstumsfaktor	103 %	50 %	75 %	200 %	110 %	90 %

2 Die Länge des schwarzen Rahmens stellt den Grundwert dar. Vervollständige die Angaben bzw. die Abbildungen.

a) Die Länge verringerte sich auf __50 %__.

b) Die Länge erhöhte sich auf 110 %.

c) Die Länge nahm um 25 % ab.

d) Die Länge nahm um __20 %__ zu.

3 Entscheide, ob ein Anstieg auf 110 % oder ein Anstieg um 110 % dargestellt wurde.

40 mm

Anstieg __auf__ 110 %.

40 mm

Anstieg __um__ 110 %.

Anwenden und Vernetzen

4 Formuliere zur dargestellten Situation zwei Aufgaben und löse diese.
Hinweis: Kontrolliert die Ergebnisse gegenseitig.
z. B.

Auf wie viel Prozent des alten Preises stieg der Benzinpreis?

1,439 € : 1,379 € ≈ 104,35 %

Der Benzinpreis stieg auf 104,35 % des alten Preises.

Um wie viel Prozent stieg der Benzinpreis?

Er stieg um rund 4,35 %.

5 Löse die folgenden Aufgaben.

a) Die Miete stieg von 500,00 € auf 550,00 €. Um wie viel Euro bzw. Prozent wurde die Miete heraufgesetzt?

550,00 € − 500 € = 50,00 €   50,00 € : 500,00 € = 0,1 = 10 %

Die Mieterhöhung beträgt 50,00 €. Das sind etwa 10 % des alten Mietpreises von 500,00 €.

b) Eine Kurzreise kostete 200,00 €. Gestern wurde der Preis um 25 % gesenkt. Wie viel kostet sie jetzt?

100 % − 25 % = 75 %   0,75 · 200,00 € = 150,00 €

Die Kurzreise kostet jetzt 75 % von 200,00 €. Das sind 150,00 €.

c) Der Preis für eine Maschine betrug 4 000,00 €. Er wurde nun um 500,00 € gesenkt. Auf wie viel Prozent ist der Preis gesunken?

4 000,00 € − 500,00 € = 3 500,00 €   3 500,00 € : 4 000,00 € = 0,875 = 87,5 %

Der Preis für die Maschine ist auf 87,5 % gesunken.

6 Spielt zu dritt mit einem Würfel und je einer Spielfigur. Das Startguthaben beträgt 1 000,00 €. Sieger ist, wer mit dem größten Betrag durch das Ziel geht.

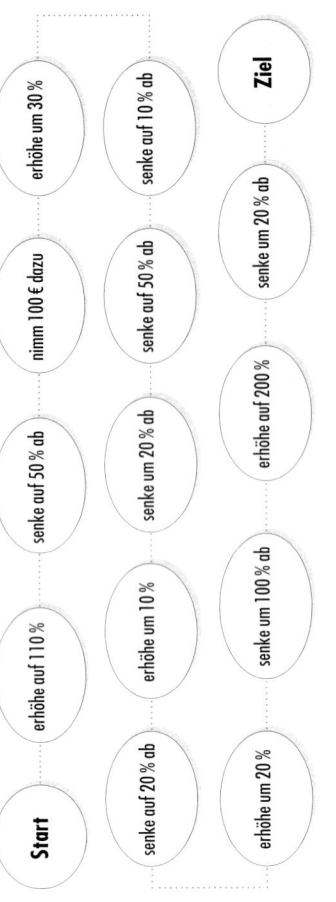

Wichtig: Auf Seite 59 kannst du dein Wissen zum gesamten Kapitel 4: „Prozentrechnung" testen.

Sachaufgaben zur Prozentrechnung

▶ Grundwissen

Schrittfolge beim Lösen von Sachaufgaben zur Prozentrechnung.
1. Lies den Aufgabentext gründlich.
2. Überlege, was der Grundwert ist, was der Prozentwert bzw. was der Prozentsatz ist.
3. Entscheide dich für einen Lösungsweg und berechne dementsprechend das Ergebnis.
4. Überprüfe, ob dein Ergebnis stimmen kann. Passt es zum Überschlag und zum Aufgabentext?
5. Formuliere einen sinnvollen Antwortsatz.

▶ **Auftrag:** Unterstreiche je Schritt höchstens drei Schlüsselwörter. Begründe deine Wahl.   individuelle Lösung

Trainieren und Festigen

1 Unterstreiche jeweils den Grundwert, den Prozentwert und den Prozentsatz. Lege zuvor Farben fest.

☐ Grundwert _____   ☐ Prozentwert ~~~~~~   ☐ Prozentsatz ------

a) Eine Gurke ist 500 g schwer und besteht zu ca. 90 % aus Wasser.
Wie viel Wasser ist das?

b) Gestern waren 8 % der 25 Schülerinnen und Schüler einer siebten Klasse krank.
Wie viele Schülerinnen und Schüler waren gestern krank?

c) Von den 1 200 Schülerinnen und Schülern einer Schule gehen 200 in die 7. Klasse an.
Wie viel Prozent sind das?

d) Der Preis eines 60 € teuren Trikots wird um 25 Prozent reduziert.
Wie viel kostet das Trikot nach der Reduzierung?

e) Zwölf Schülerinnen und Schüler planen eine Abschlussfeier. Das sind fünf Prozent aller Teilnehmer.
Wie viele Personen nehmen an dieser Feier teil?

2 Berechne die Ergebnisse bei Aufgabe 1.

a) $100\% \to 500\,g$ $\xrightarrow{:100}$ $:100$
$1\% \to 5\,g$ $\xrightarrow{\cdot 90}$ $\cdot 90$
$90\% \to 450\,g$

Die Gurke enthält 450 g Wasser.

b) $100\% \to 25$ $\xrightarrow{:100}$ $:100$
$1\% \to \frac{1}{4}$ $\xrightarrow{\cdot 8}$ $\cdot 8$
$8\% \to 2$

2 Schüler waren krank.

c) $1200 \to 100\%$ $\xrightarrow{:1200}$ $:1200$
$1 \to \frac{1}{12}\%$
$200 \to \frac{50}{3} = 16{,}7\%$

Etwa 16,7 % gehen in die 7. Klasse.

d) $100\% \to 60\,€$ $\xrightarrow{:100}$ $:100$
$1\% \to \frac{3}{5}\,€$ $\xrightarrow{\cdot 25}$ $\cdot 25$
$25\% \to 15\,€$

Das Trikot kostet jetzt 45 €.

e) $5\% \to 12$ $\xrightarrow{:5}$ $:5$
$1\% \to \frac{12}{5}$ $\xrightarrow{\cdot 100}$ $\cdot 100$
$100\% \to 240$

240 Personen nehmen teil.

Anwenden und Vernetzen

3 Was halten Jugendliche von neuen Handys?
Viele Jugendliche zwischen 14 und 24 Jahren sind davon überzeugt, dass sie auf ein eigenes Handy nicht verzichten können.
Bei einer Umfrage unter 1 000 Jugendlichen stellte sich heraus, dass für 7 von 10 die tägliche Nutzung selbstverständlich ist. 256 waren der Meinung: Wer kein Handy hat, ist isoliert, weil man nicht immer erreichbar ist und spontane Verabredungen somit oft nicht möglich sind. Etwa jeder Dritte besaß in den letzten zwei Jahren unterschiedliche Handys. Obwohl mehr als 75 % mehr Vor- als Nachteile in der Handynutzung sehen, befürchten ca. $\frac{2}{3}$ aller Befragten gesundheitliche Schäden beispielsweise durch falsche bzw. lange Nutzung.

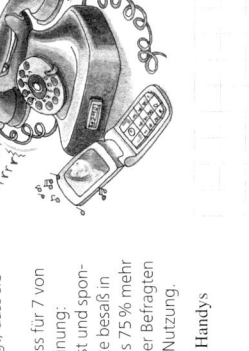

a) Für wie viel Prozent der Befragten ist die tägliche Nutzung des Handys selbstverständlich?

Für 70 % ist die tägliche Nutzung selbstverständlich.

b) Für wie viele Jugendliche ist die tägliche Handynutzung selbstverständlich?

Für 700 Jugendliche ist die tägliche Handynutzung selbstverständlich.

c) Wie viele der Befragten besaßen in den letzten zwei Jahren unterschiedliche Handys?

Rund 330 Befragte besaßen in den zwei Jahren unterschiedliche Handys.

d) Wie viele sehen mehr Vorteile als Nachteile in der Handynutzung?

Mehr als 750 Befragte sehen mehr Vor- als Nachteile.

e) Wie viel Prozent der Befragten befürchten gesundheitliche Schäden aufgrund der Handynutzung?

Rund 67 % der Befragten befürchten gesundheitliche Schäden.

f) Wie viele Jugendliche befürchten Gesundheitsschäden?

67 % von 1000 sind 670.

g) Notiert Fragen, die bei dieser Studie gestellt worden sein können, auf einem zusätzlichen Blatt und führt eine entsprechende Umfrage z. B. in der Klasse durch.
Veranschauliche die Ergebnisse in einem Diagramm.   individuelle Lösung

Grundaufgaben der Prozentrechnung

▶ Grundwissen

In der Prozentrechnung unterscheidet man zwischen Prozentsatz $p\%$, Prozentwert P und Grundwert G. Wenn zwei der Angaben bekannt sind, kann die dritte berechnet werden.
Die entsprechende Formel ist jeweils eine Zusammenfassung der Rechenschritte.

Beispiele:

Berechnen des Prozentsatzes $p\%$	Berechnen des Prozentwertes P	Berechnen des Grundwertes G
(Anteil eines Ganzen $p\% = \frac{P}{G}$)	(Größe eines Anteils $P = p\% \cdot G$)	(Größe eines Ganzen $G = \frac{P}{p\%}$)
Wie viel Prozent sind 20 € von 25 €?	Ermittle 15 % von 50 €.	50 € wurden angezahlt. Das sind 20 %. Gib den Gesamtpreis an.
$:25$ $25{,}00 € \to 100\%$ $:25$ $1{,}00 € \to 4\%$ $\cdot 20$ $20{,}00 € \to 80\%$	$:100$ $100\% \to 50{,}00 €$ $:100$ $1\% \to 0{,}50 €$ $\cdot 15$ $15\% \to 7{,}50 €$	$:20$ $20\% \to 50{,}00 €$ $:20$ $1\% \to 2{,}50 €$ $\cdot 100$ $100\% \to 250{,}00 €$
20 € von 25 € sind __80 %__.	15 % von 50 € sind __7,50 €__.	Der Gesamtpreis beträgt __250,00 €__.

▶ **Auftrag:** Ergänze die Rechnungen und die Antwortsätze.

Trainieren und Festigen

1 Berechne die Prozentsätze und Prozentwerte im Kopf.

a) 3 cm von 30 cm sind __10 %__. b) 5 kg von 20 kg sind __25 %__. c) 9 € von 100 € sind __9 %__.

d) 1 % von 300 € sind __3 €__. e) 50 % von 1000 kg sind __500 kg__. f) 10 % von 200 ml sind __20 ml__.

2 Berechne den Grundwert.

a) 10 % entsprechen 7 kg, somit sind 100 % genau __70 kg__.

b) 50 % entsprechen 50 ml, somit sind 100 % genau __100 ml__.

c) 25 % entsprechen 10 €, somit sind 100 % genau __40 €__.

3 Ergänze.

Grundwert	800	320	120	200	280	720	1000
Prozentsatz	10 %	50 %	50 %	20 %	10 %	1 %	5 %
Prozentwert	80	160	60	40	28	7,2	50

Anwenden und Vernetzen

5 Lisa und Tom wollen ein Fernsehgerät kaufen. Der Verkäufer gibt ihnen 4 % Rabatt, das sind 20 €.
Wie teuer war der Fernseher ursprünglich?

Der Mann mit dem Hut möchte das Radio kaufen.
Spart er wirklich 20 € bei 4 % Rabatt?

Sprechblasen: „ICH GEBE IHNEN 4 % RABATT AUF DAS FERNSEHGERÄT!" — „OH, DA SPAREN WIR JA 20 €" — „NA WENN ICH EBENFALLS 4 % RABATT BEKOMME, ZAHLE ICH JA NUR 60 € FÜR DAS RADIO!"

4 % sind 20 €, d. h. das Fernsehgerät kostet 500 €.

Der Radiokäufer irrt sich, wenn er glaubt, dass 4 % immer 20 € sind. 4 % von 80 € sind nur 3,20 €.

Wenn er auch 4 % Rabatt bekommt, kostet das Radio 76,80 €.

6 Jason und Magnus haben das gleiche Handy gekauft.
Jason prahlt: „Mein Händler reduzierte für uns den Handypreis um 30 %. Erst sollte ein Handy 150 € kosten."
Magnus sagt: „Mein Angebot ist günstiger. Es wurde um 40 % reduziert. Das Handy kostete vorher 180 €."
Hat Magnus wirklich weniger gezahlt?

Jason: $100\% - 30\% = 70\%$ Magnus: $100\% - 40\% = 60\%$

Jason:
$:100$ $100\% \to 150{,}00 €$ $:100$
$1\% \to 1{,}50 €$
$\cdot 70$ $70\% \to 105{,}00 €$ $\cdot 70$

Magnus:
$:100$ $100\% \to 180{,}00 €$ $:100$
$1\% \to 1{,}80 €$
$\cdot 60$ $65\% \to 108{,}00 €$ $\cdot 60$

Das Angebot von Jason ist etwas günstiger, denn er zahlte 105 €. Magnus bezahlte 108 €.

7 Der Benzinpreis ist in Deutschland in den letzten Jahrzehnten stark gestiegen.
1950 kostete ein Liter Normalbenzin 0,60 DM. (Hinweis: 1 € = 2 DM).
Im Sommer 2006 kostete ein Liter Normalbenzin etwa 1,30 €.

a) Überschlage: Ist der Preis um mehr oder weniger als 300 % gestiegen? ☐ weniger ☒ mehr

b) Um wie viel Prozent ist der Benzinpreis im angegebenen Zeitraum etwa gestiegen?

Umrechnen des DM-Preises in Euro:	Preisdifferenz zwischen 1950 und 2006 berechnen:	Prozentsatz berechnen:
0,60 DM = 0,30 €	1,30 € − 0,30 € = 1 €	$:30$ $0{,}30 € \to 100\%$ $:30$ $\cdot 100$ $0{,}01 € \to \frac{10}{3}\%$ $\cdot 100$ $1{,}00 € \to \frac{1000}{3}\% \approx 333\%$

Der Preis ist um rund 330 % gestiegen.

Prozentrechnung

Anteile und Prozente

▶ Grundwissen

Eine andere Bezeichnung für Hundertstel ist Prozent.
Für den Bruch $\frac{p}{100}$ sagt man p Prozent, man schreibt: $p\%$.

Beispiele: ☐ $0,2 = \frac{20}{100} = 20\%$ ☐ $0,5 = \frac{50}{100} = 50\%$ ☐ $0,3 = \frac{30}{100} = 30\%$

| 20% | 50% | 30% |

▶ Auftrag: Ergänze die fehlenden Angaben. Färbe Aufgabe und Anteil jeweils mit der gleichen Farbe.

Trainieren und Festigen

1 Ergänze.

Bruch	$\frac{1}{100}$	$\frac{1}{10} = \frac{10}{100}$	$\frac{20}{100} = \frac{1}{5}$	$\frac{25}{100} = \frac{1}{4}$	$\frac{1}{2}$	$\frac{75}{100} = \frac{3}{4}$	$\frac{100}{100} = 1$
Dezimalzahl	0,01	0,1	0,2	0,25	0,5	0,75	1
Prozentschreibweise	1%	10%	20%	25%	50%	75%	100%

2 Wandle die Zahlen zuerst in Brüche mit dem Nenner 100 um. Schreibe sie dann in Prozentschreibweise.

a) $0,61 = \frac{61}{100} = 61\%$ b) $0,44 = \frac{44}{100} = 44\%$ c) $0,2 = \frac{20}{100} = 20\%$

d) $\frac{3}{50} = \frac{6}{100} = 6\%$ e) $\frac{3}{10} = \frac{30}{100} = 30\%$ f) $\frac{8}{200} = \frac{4}{100} = 4\%$

3 Wandle in Dezimalzahlen um.

a) $12\% = \frac{12}{100} = 0,12$ b) $50\% = \frac{50}{100} = 0,5$ c) $5\% = \frac{5}{100} = 0,05$

4 Wandle in Brüche um.

a) $30\% = \frac{30}{100} = \frac{3}{10}$ b) $13\% = \frac{13}{100}$ c) $25\% = \frac{25}{100} = \frac{1}{4}$

5 Vergleiche.

a) $50\% < 0{,}51$ b) $75\% > 0{,}57$ c) $3\% = 0{,}03$ d) $99\% < 1$

e) $150\% > 1$ f) $0{,}17\% < 1{,}7$ g) $1\% < 0{,}015$ h) $45\% > 0{,}045$

i) $\frac{1}{2} > 20\%$ j) $\frac{2}{20} = 10\%$ k) $2 < 300\%$ l) $0{,}99 > 9{,}9\%$

m) $\frac{3}{4} = 75\%$ n) $\frac{9}{10} > 80\%$ o) $\frac{7}{20} < 40\%$ p) $\frac{1}{5} > 10\%$

6 Vervollständige die Angaben bzw. die Zeichnungen, sodass alles richtig ist.

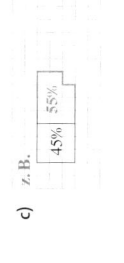

a) [Kreisdiagramm: 25%, 15%, 20%, 40%] b) z.B. [Rechteck: 70% / 30%] c) z.B. [Rechteck: 45% / 55%]

7 Wer war beim Korbwurf erfolgreicher?

Team A	Würfe	Treffer	Anteil	Platz
Anna	20	10	50%	5
Tim	5	4	80%	1
Jim	20	15	75%	2
Ina	20	12	60%	4
Lea	10	7	70%	3

Team B	Würfe	Treffer	Anteil	Platz
Leo	5	2	40%	5
Carl	15	9	60%	4
Pia	20	13	65%	3
Hans	10	7	70%	2
Uta	25	20	75%	1

a) Ermittle, welchen Platz jeder in seinem Team belegte.
b) Welches Team hat insgesamt besser geworfen?

Beide Teams hatten 75 Würfe. Team A hatte 48 Treffer.
Team B 51 Treffer. Team B war besser.

Team A:
insgesamt 75 Würfe davon insgesamt 48 Treffer
$48 : 75 \approx 64\%$

Team B:
insgesamt 75 Würfe davon insgesamt 51 Treffer
$51 : 75 \approx 68\%$

c) Pia möchte, dass mindestens 80% von 20 Würfen Treffer werden. Wie viele Treffer sollte sie demzufolge mindestens schaffen?

$80\% = \frac{80}{100}$
$\frac{80}{100}$ von 20 Würfen sind 16 Würfe.

Sie sollte mindestens 16 Treffer schaffen.

8 Färbe die Figuren jeweils mit drei verschiedenen Farben, wie du möchtest. Gib für jede Farbe den Anteil an der Gesamtfläche in Prozent an.

individuelle Lösungen

9 Gib den Anteil in Prozent an.

a) 1 ct von 1 € sind 1% b) 1 g von 1 kg sind $0{,}1\%$ c) 2 kg von 1 t sind $0{,}2\%$

d) 1 s von 1 min sind $1{,}6\%$ e) 1 h von 1 Tag sind $4{,}16\%$ f) 12 min von 1 Tag sind $0{,}83\%$

g) 1 cm³ von 1 m³ sind $0{,}01\%$ h) $\frac{1}{2}$ h von 1 Tag sind ca. $2{,}08\%$ i) 50 ml von 1 dm³ sind 5%

Seitenhalbierende

▶ Grundwissen

Eine Seitenhalbierende verläuft von einem Eckpunkt des Dreiecks durch __die Mitte__ der gegenüberliegenden Seite.

Die __drei__ Seitenhalbierenden eines Dreiecks schneiden einander in einem Punkt. Dieser Punkt ist der Schwerpunkt des Dreiecks.

▶ Auftrag: Vervollständige die Sätze.

Trainieren und Festigen

1 Zeichne alle Seitenhalbierenden in die Dreiecke ein.

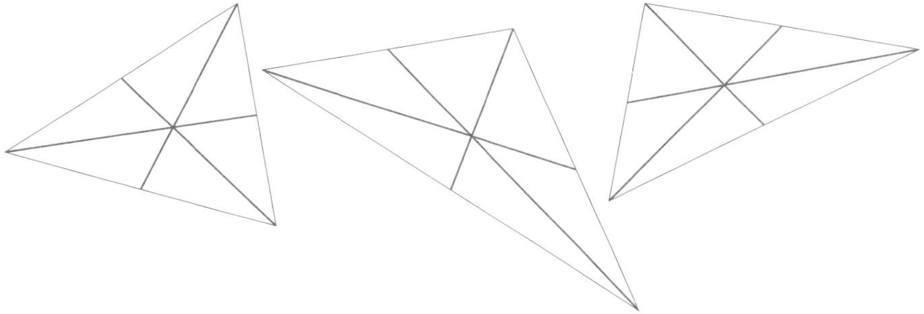

2 Schneide ein Dreieck aus möglichst dickem Papier aus.
Hinweis: Wähle eine Größe, die es erlaubt, am Ende des Experiments dein Dreieck hier aufzukleben.

individuelle Lösung

a) Versuche das Dreieck auf der Spitze eines Bleistiftes zu balancieren. Markiere den Punkt, an dem es am besten funktioniert.

b) Überprüfe, ob der von dir markierte Punkt und der Schnittpunkt der Seitenhalbierenden zusammenfallen.

Anwenden und Vernetzen

3 Hängt das Dreieck vermutlich frei oder ist es an der waagerecht angebrachten Holzleiste festgeklebt. Begründe deine Entscheidungen.
Hinweis: Experimentiere mit verschiedenen Pappdreiecken. Achte auf die Lage der Seitenhalbierenden.

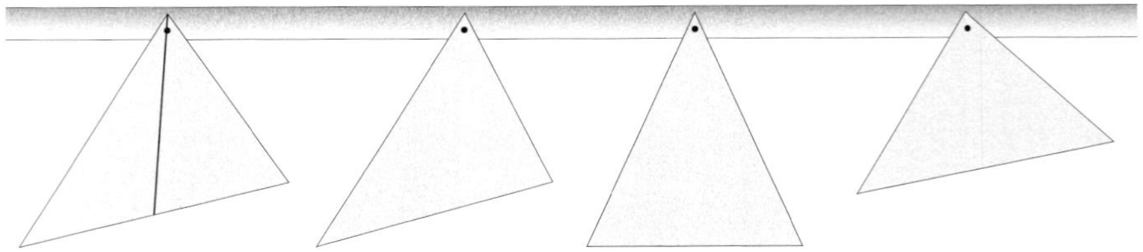

☐ hängt vermutlich frei ☐ hängt vermutlich frei ☒ hängt vermutlich frei ☐ hängt vermutlich frei
☒ klebt an der Holzleiste ☒ klebt an der Holzleiste ☐ klebt an der Holzleiste ☒ klebt an der Holzleiste

Wenn eine der Seitenhalbierenden senkrecht zur Holzleiste verläuft, hängt das Dreieck vermutlich frei.

4 Wo liegen vermutlich die Schwerpunkte folgender Objekte?
Hinweis: Überlege, wie du deine Vermutung überprüfen bzw. begründen kannst.

a) eines flachen Tellers
Der Schwerpunkt liegt in der Tellermitte.

b) eines dünnen Buches
Der Schwerpunkt liegt im Schnittpunkt der Diagonalen des Körpers (in der Mitte des Buches).

c) eines Lineals
Der Schwerpunkt liegt im Schnittpunkt der Diagonalen des Körpers (in der Mitte des Lineals).

d) der abgebildeten Tischplatte
Der Schwerpunkt liegt in der Mitte der Tischplatte.

5 Kannst du den Schwerpunkt der folgenden Figuren angeben?

Wichtig: Auf Seite 58 kannst du dein Wissen zum gesamten Kapitel 3: „Geometrische Grundkonstruktionen" testen.

Mittelsenkrechte

▶ Grundwissen

Die Mittelsenkrechte einer Strecke verläuft durch den Mittelpunkt der Strecke und steht senkrecht auf ihr.

Auf der Mittelsenkrechten von $\overline{AB}$ liegen alle Punkte, die von A und B den gleichen Abstand haben.

In jedem Dreieck schneiden einander die drei Mittelsenkrechten in einem Punkt. Dies ist der Mittelpunkt des Inkreises des Dreiecks.

▶ Auftrag: Kreuze an.

Die Mittelsenkrechte einer Strecke verläuft durch den Mittelpunkt der Strecke und steht senkrecht auf ihr.	☒ wahr	☐ falsch
Auf der Mittelsenkrechten von $\overline{AB}$ liegen alle Punkte, die von A und B den gleichen Abstand haben.	☒ wahr	☐ falsch
In jedem Dreieck schneiden einander die drei Mittelsenkrechten in einem Punkt. Dies ist der Mittelpunkt des Inkreises des Dreiecks.	☐ wahr	☒ falsch

Trainieren und Festigen

1 Konstruiere jeweils die Mittelsenkrechte und nenne die Konstruktionsschritte.

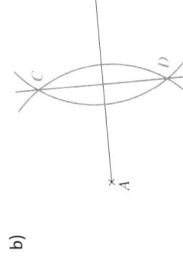

a)   b)

1. Zeichne um die Punkte A und B Kreise mit dem gleichen Radius, der größer ist als die Hälfte von $\overline{AB}$.

2. Zeichne eine Gerade durch die Schnittpunkte der Kreise. Dies ist die Mittelsenkrechte von $\overline{AB}$.

2 Zeichne jeweils den Umkreis des Dreiecks.

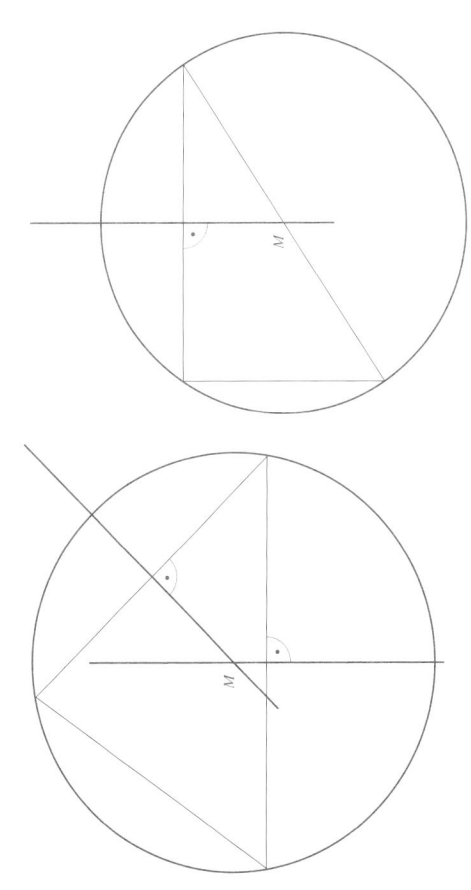

Anwenden und Vernetzen

3 Ein Rettungshubschrauber soll so stationiert werden, dass er die drei eingezeichneten Orte gleich schnell erreichen kann. Schlage einen Standort vor und begründe deine Entscheidung.

Der Rettungshubschrauber sollte im Bereich C3 stationiert

werden, da davon alle Orte gleich weit entfernt sind.

Es ist der Schnittpunkt der Mittelsenkrechten des

Dreiecks.

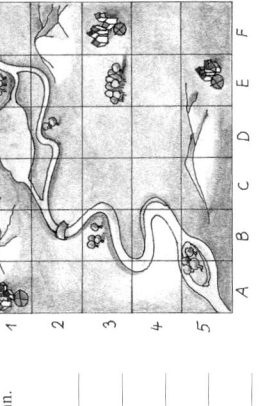

4 Umkreise von Vierecken

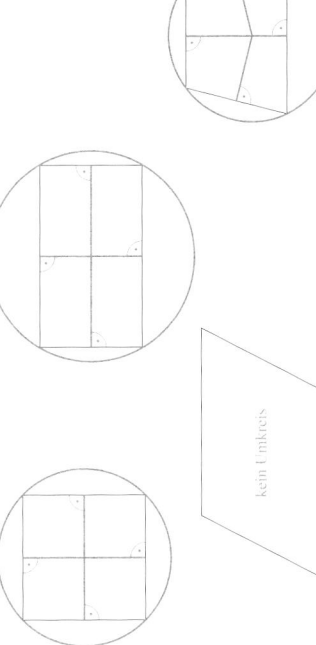

a) Konstruiere, wenn möglich, die Umkreise der obigen Vierecke.

b) Vierecke, die einen Umkreis besitzen, heißen Sehnenvierecke. Welche der Vierecke sind immer Sehnenvierecke? Kreuze diese an.

alle Quadrate ☒   alle Rechtecke ☒   alle Parallelogramme ☐   alle Rauten ☐   alle Trapeze ☐

c) Zeichne mehrere Sehnenvierecke in den Kreis. Miss jeweils alle Innenwinkel. Addiere jeweils die zwei Winkel, die nicht nebeneinander liegen. Was fällt dir auf?

Viereck 1:

$\alpha =$ _____ ; $\beta =$ _____ ; $\gamma =$ _____ ; $\delta =$ _____

$\alpha + \gamma =$ _____ ; $\beta + \delta =$ _____

Viereck 2:

$\alpha =$ _____ ; $\beta =$ _____ ; $\gamma =$ _____ ; $\delta =$ _____

$\alpha + \gamma =$ _____ ; $\beta + \delta =$ _____

Vermutung: Die Gegenwinkelsumme im Sehnenviereck

beträgt 180°.

Winkelhalbierende

▶ Grundwissen

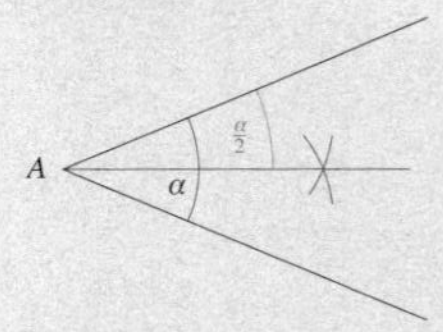

Die Winkelhalbierende eines Winkels α teilt diesen in drei gleich große Teile. ☐ wahr ☒ falsch

Auf der Winkelhalbierenden liegen alle Punkte, welche von den Schenkeln eines Winkels den gleichen Abstand haben. ☒ wahr ☐ falsch

Die Winkelhalbierenden eines Dreiecks schneiden einander in einem Punkt.
Dieser ist der Mittelpunkt des Inkreises des Dreiecks. ☒ wahr ☐ falsch

▶ Auftrag: Kreuze an.

Trainieren und Festigen

1 Konstruiere die Winkelhalbierende und bringe die Konstruktionsschritte in die richtige Reihenfolge.

a)   b)

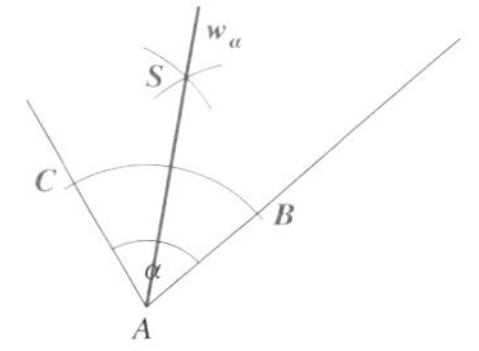

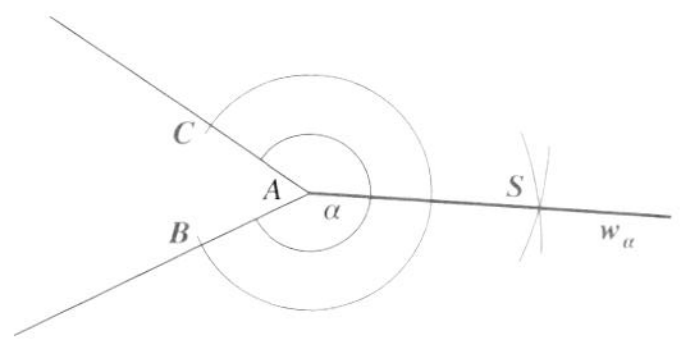

- [4] Zeichne um die Punkte B und C Kreise mit gleich großem Radius, der aber größer als $\frac{BC}{2}$ ist.
- [1] Zeichne einen Kreis um den Scheitelpunkt A.
- [5] Verbinde A mit dem Schnittpunkt S der Kreise um B und C.
- [2] Die Schnittpunkte mit den Schenkeln sind die Punkte B und C.
- [4] Der Schnittpunkt der beiden Kreise um B und C ist der Punkt S.
- [6] Die Verlängerung der Strecke $\overline{AS}$ über S hinaus ist die gesuchte Winkelhalbierende.

2 Zeichne jeweils zu zwei Innenwinkeln des Dreiecks die Winkelhalbierende.
Fälle das Lot vom Schnittpunkt der Winkelhalbierenden auf eine Dreiecksseite.
Zeichne damit den Inkreis des Dreiecks.

a)   b)

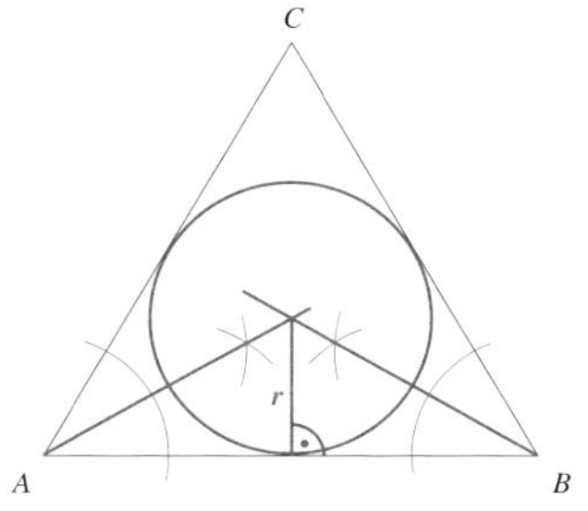

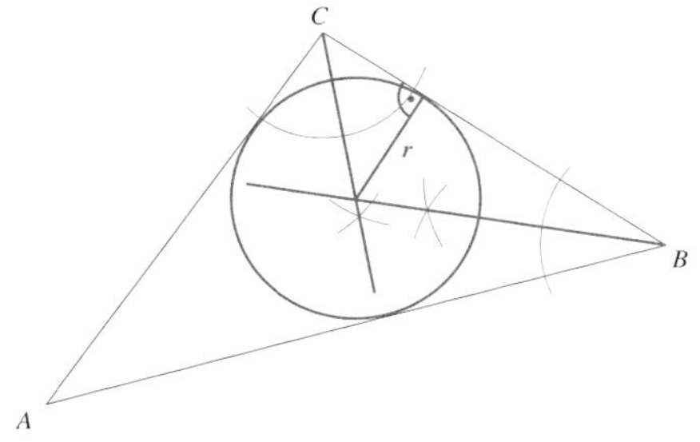

Anwenden und Vernetzen

4 Kann Tom Anna in der Mitte des Spiegels sehen?
Hinweis: Der Einfallswinkel des Lichtes ist genauso groß wie der Ausfallswinkel.
Dies veranschaulicht die rechte Zeichnung.

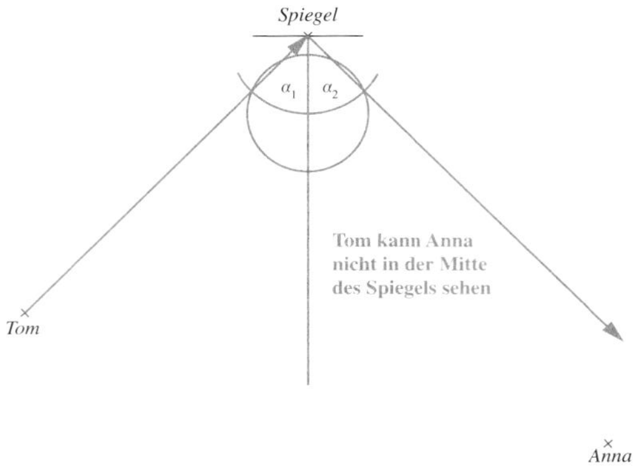

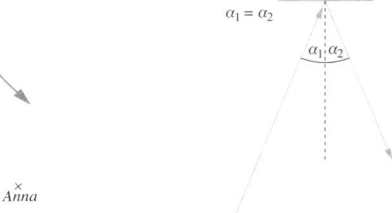

$\alpha_1 = \alpha_2$

5 Für ein Dreieck gilt:
Die Seite $\overline{AB} = c$ ist 6,2 cm lang.
Der Mittelpunkt des Inkreises liegt auf der Mittelsenkrechten von c und der Radius des Inkreises beträgt 1,7 cm.

a) Zeichne das Dreieck.
   Hinweis: Fertige zuvor eine Skizze an.

b) Bringe die Konstruktionsschritte in die richtige Reihenfolge.

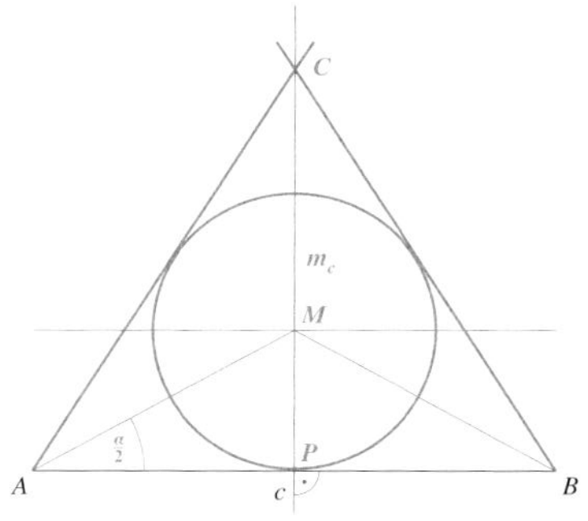

- [8] Ich verbinde B mit M. Dies ist die Winkelhalbierende von β.
- [5] Ich zeichne den Inkreis des Dreiecks mit dem Mittelpunkt M und dem Radius 1,7 cm.
- [1] Ich zeichne die Strecke $\overline{AB} = c$.
- [10] Der Schnittpunkt der beiden neuen Geraden ist der dritte Punkt des Dreiecks.
- [6] Ich verbinde A mit M. Dies ist die Winkelhalbierende von α.
- [9] Ich trage den Winkel ∢ABM auf der anderen Seite von $\overline{BM}$ ab.
- [7] Ich trage den Winkel ∢MAB auf der anderen Seite von $\overline{AM}$ ab.
- [4] Ich messe auf der Mittelsenkrechten 1,7 cm von c aus ab, dort liegt der Mittelpunkt M des Inkreises.
- [2] Ich konstruiere den Mittelpunkt P der Strecke $\overline{AB}$.
- [3] Ich zeichne eine Gerade durch P, die senkrecht zu $\overline{AB}$ ist.

Winkel in eckigen Figuren

▶ Grundwissen

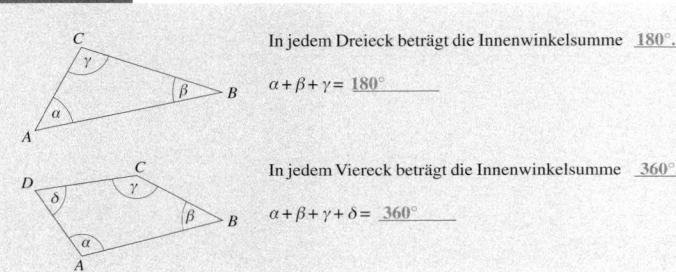

In jedem Dreieck beträgt die Innenwinkelsumme __180°__.

$\alpha + \beta + \gamma = $ __180°__

In jedem Viereck beträgt die Innenwinkelsumme __360°__.

$\alpha + \beta + \gamma + \delta = $ __360°__

▶ Auftrag: Ergänze die Innenwinkelsummen.

Trainieren und Festigen

1 Miss jeweils die Größen der Innenwinkel und bilde deren Summe.

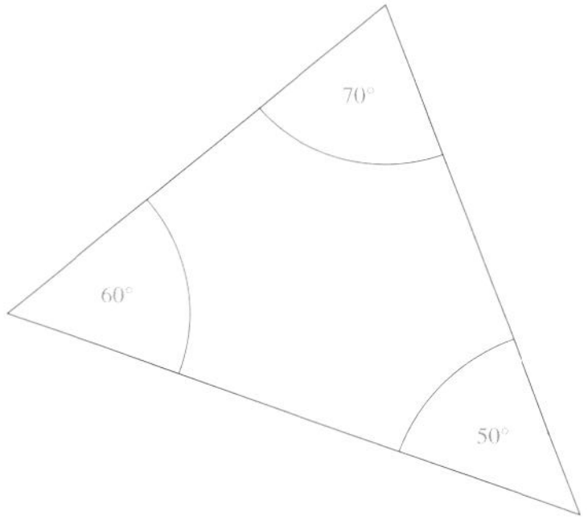

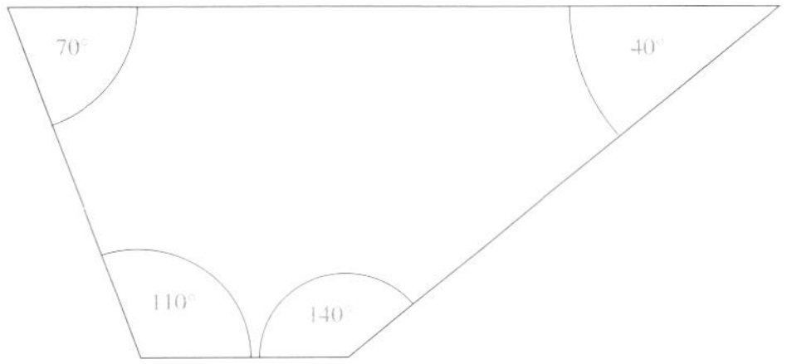

$50° + 60° + 70° = 180°$

$110° + 140° + 40° + 70° = 360°$

2 Berechne die fehlenden Winkelgrößen der Dreiecke.

α	120°	60°	80°	30°	100°	50°	70°
β	30°	70°	30°	140°	60°	99°	75°
γ	30°	50°	70°	10°	20°	31°	35°

3 Berechne die fehlenden Winkelgrößen der Vierecke.

α	100°	60°	80°	10°	90°	95°
β	100°	140°	120°	70°	90°	95°
γ	100°	100°	50°	250°	90°	85°
δ	60°	60°	110°	30°	90°	85°

Anwenden und Vernetzen

4 Eigenschaften von Figuren

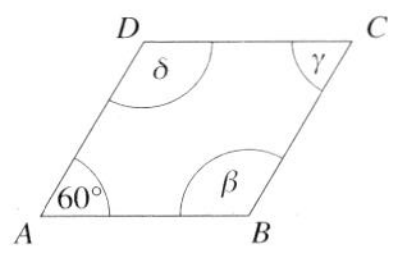

Raute (Rhombus) 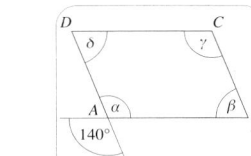 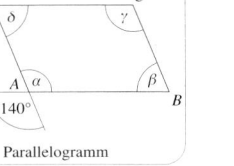   Parallelogramm 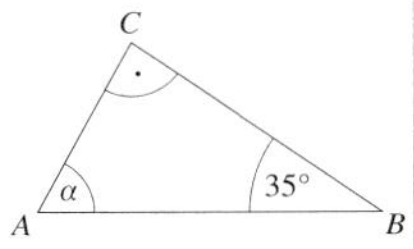   Dreieck

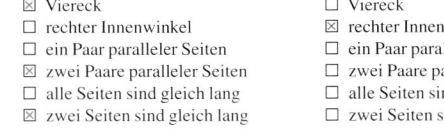

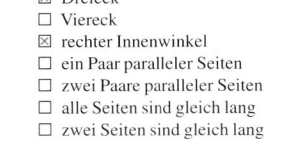

a) Kreuze an, welche Eigenschaften jeweils auf die Figur oben zutreffen.

Raute:
- ☐ Dreieck
- ☒ Viereck
- ☐ rechter Innenwinkel
- ☐ ein Paar paralleler Seiten
- ☒ zwei Paare paralleler Seiten
- ☒ alle Seiten sind gleich lang
- ☐ zwei Seiten sind gleich lang

Parallelogramm:
- ☐ Dreieck
- ☒ Viereck
- ☐ rechter Innenwinkel
- ☐ ein Paar paralleler Seiten
- ☒ zwei Paare paralleler Seiten
- ☐ alle Seiten sind gleich lang
- ☒ zwei Seiten sind gleich lang

Dreieck:
- ☒ Dreieck
- ☐ Viereck
- ☒ rechter Innenwinkel
- ☐ ein Paar paralleler Seiten
- ☐ zwei Paare paralleler Seiten
- ☐ alle Seiten sind gleich lang
- ☐ zwei Seiten sind gleich lang

b) Ermittle die Größen der eingezeichneten Winkel.

$\beta = \delta = 120°; \quad \gamma = 60°$

$\alpha = \gamma = 140°$

$\beta = \delta = 40°$

$\alpha = 180° - 35° - 90° = 55°$

5 Beurteile die Aussagen. Begründe deine Entscheidung.

Bea schrieb: „Es gibt ein gleichschenkliges Dreieck, in dem die Basiswinkel 100° groß sind."

$100° + 100° = 200° > 180°$ Die Innenwinkelsumme kann nicht größer als 180° sein.   ☐ wahr ☒ falsch

Paul schrieb: „Es gibt ein gleichseitiges Dreieck, in dem alle Winkel 70° groß sind."

$3 \cdot 70° = 210° > 180°$ Die Innenwinkelsumme kann nicht größer als 180° sein.   ☐ wahr ☒ falsch

Hanna schrieb: „Es gibt ein gleichseitiges Dreieck, in dem alle Winkel 50° groß sind."

$3 \cdot 50 = 150 < 180$ Die Innenwinkelsumme kann nicht kleiner als 180° sein.   ☐ wahr ☒ falsch

Felix schrieb: „Es gibt ein Viereck, in dem alle Winkel 90° groß sind."

$4 \cdot 90° = 360°$ Die Innenwinkelsumme beträgt 360°. (Quadrat; Rechteck)   ☒ wahr ☐ falsch

6 Wie groß ist jeweils die Innenwinkelsumme der folgenden Figuren?

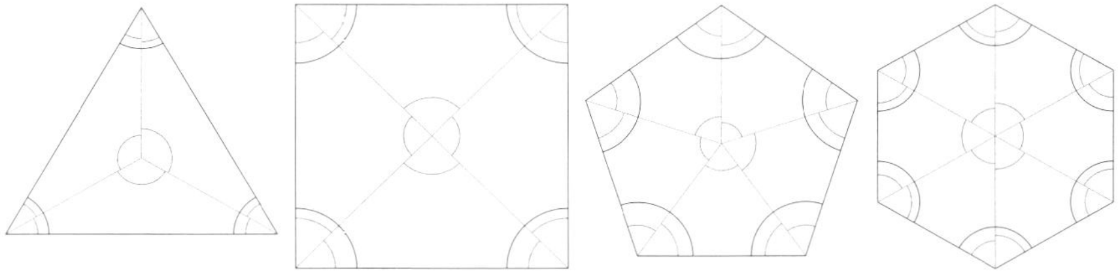

180°   360°   540°   720°

Geometrische Grundkonstruktionen

Entdeckungen an Geradenkreuzungen

▶ **Grundwissen**

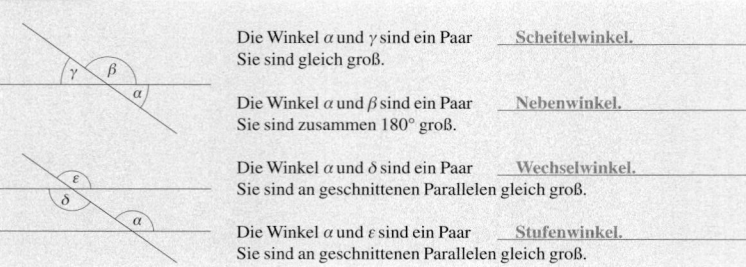

Die Winkel α und γ sind ein Paar __Scheitelwinkel__.
Sie sind gleich groß.

Die Winkel α und β sind ein Paar __Nebenwinkel__.
Sie sind zusammen 180° groß.

Die Winkel α und δ sind ein Paar __Wechselwinkel__.
Sie sind an geschnittenen Parallelen gleich groß.

Die Winkel α und ε sind ein Paar __Stufenwinkel__.
Sie sind an geschnittenen Parallelen gleich groß.

▶ Auftrag: Ergänze Fachbegriffe.

Trainieren und Festigen

1 Scheitelwinkel und Nebenwinkel

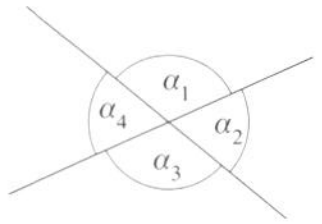

a) Gib alle Scheitelwinkelpaare an. α_1 und α_3; α_2 und α_4

b) Welche Winkel sind Nebenwinkel von α_1? α_2 und α_4

2 Gib alle Paare von Stufenwinkeln bzw. Wechselwinkeln an.

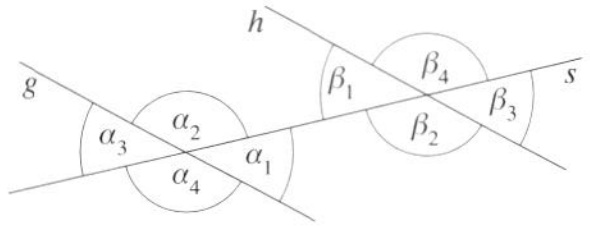

Paare von Stufenwinkeln: α_1 und β_3; α_2 und β_4; α_3 und β_1; α_4 und β_2

Paare von Wechselwinkeln: α_1 und β_1; α_2 und β_2; α_3 und β_3; α_4 und β_4

3 Winkel an geschnittenen Parallelen

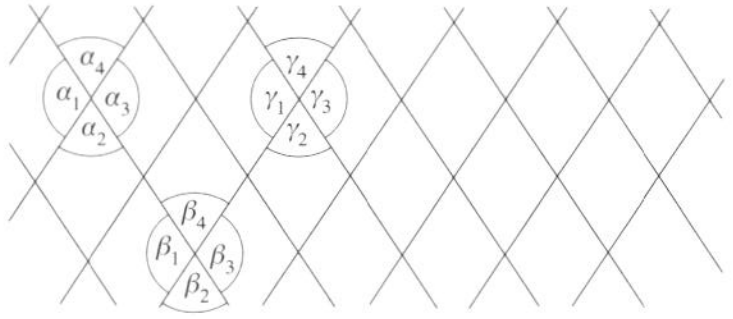

a) Markiere entsprechende Winkel.

Lege zuvor die Farben fest.
☐ Scheitelwinkel zu γ_1 γ_3 ☐ Wechselwinkel zu α_2 β_4
☐ Nebenwinkel zu α_1 α_2; α_4 ☐ Stufenwinkel zu γ_3 β_3

b) Benenne die Winkelpaare.

α_1 und α_4 sind ein Paar __Nebenwinkel__. γ_4 und β_2 sind ein Paar __Wechselwinkel__.

β_4 und β_2 sind ein Paar __Scheitelwinkel__. γ_3 und γ_1 sind ein Paar __Scheitelwinkel__.

α_2 und β_2 sind ein Paar __Stufenwinkel__. α_4 und α_4 sind ein Paar __Scheitelwinkel__.

γ_1 und β_3 sind ein Paar __Wechselwinkel__. β_3 und β_4 sind ein Paar __Nebenwinkel__.

Anwenden und Vernetzen

4 Mike biegt mit seinem Rennrad von der Ebertstraße kommend rechts in den Nordring ein und fährt anschließend links in die Oststraße. Abends trifft er Brit und erzählt ihr stolz, dass er beide Kurven gleich scharf nehmen musste, um auf dem schmalen Radweg zu bleiben.
Brit meint, dass das nicht sein kann.
Wer von beiden hat Recht? Begründe deine Meinung.

__Brit hat Recht, denn die Ebertstraße und die Oststraße sind nicht parallel zueinander und deshalb sind beide__

__Winkel keine gleich großen Wechselwinkel.__

5 Können die Angaben stimmen? Begründe.

a) $\alpha_1 = 46°$; $\beta_1 = 134°$; $\gamma_1 = 46°$; $\delta_1 = 134°$ ☒ ja ☐ nein
b) $\alpha_1 = 25°$; $\alpha_2 = 25°$; $\alpha_3 = 25°$; $\alpha_4 = 25°$ ☐ ja ☒ nein
c) $\alpha_1 = 37°$; $\gamma_1 = 37°$; $\alpha_4 = 37°$; $\gamma_2 = 37°$ ☒ ja ☐ nein
d) $\alpha_1 = 77°$; $\gamma_1 = 77°$; $\alpha_4 = 77°$; $\gamma_4 = 77°$ ☒ ja ☐ nein
e) $\alpha_1 = 45°$; $\delta_2 = 125°$; $\alpha_2 = 45°$; $\beta_2 = 125°$ ☐ ja ☒ nein

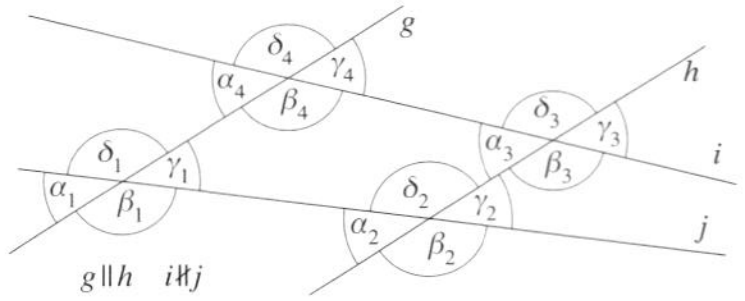

6 Die Geraden g und h sind parallel zueinander.
Zwei Winkel sind gegeben.
Berechne alle anderen Winkel und trage sie in die Zeichnung ein.

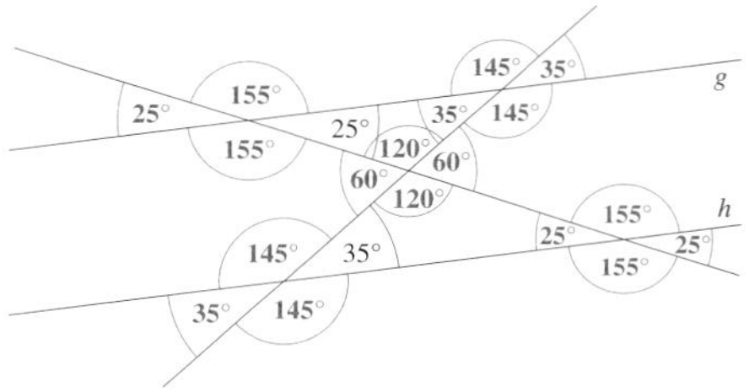

7 Winkel in bzw. an Parallelogrammen und Trapezen

a) Zeichne jeweils vier Geraden, sodass ein Parallelogramm und ein nicht gleichschenkliges Trapez entstehen. Zähle die Anzahl der entstandenen Paare gleich großer Stufen- und Wechselwinkel.

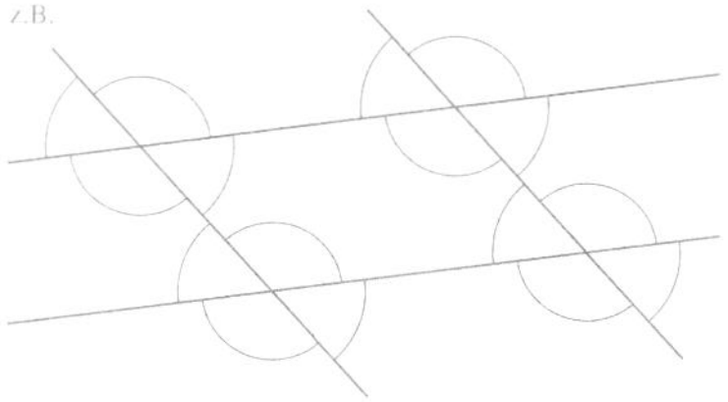

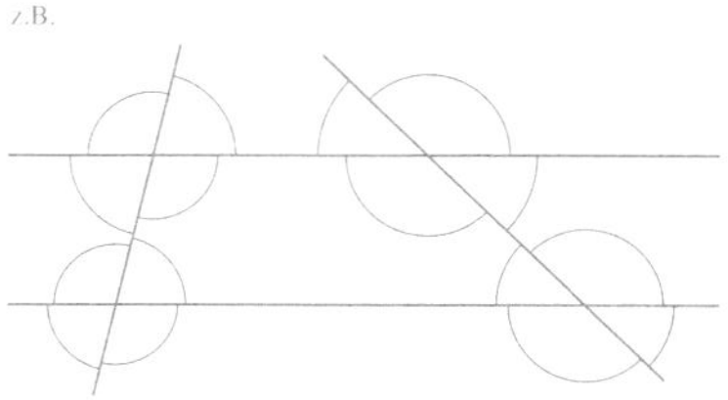

Parallelogramm   Trapez

Paare gleich großer Stufenwinkel: __16__   Paare gleich großer Stufenwinkel: __8__

Paare gleich großer Wechselwinkel: __16__   Paare gleich großer Wechselwinkel: __8__

Rechengesetze und Vorrangregeln

▶ Grundwissen

Kommutativgesetze der Addition und Multiplikation: $a+b=b+a$ $a \cdot b = b \cdot a$

Assoziativgesetze der Addition und Multiplikation: $(a+b)+c=a+(b+c)$ $(a \cdot b) \cdot c = a \cdot (b \cdot c)$

Distributivgesetze: $a \cdot (b+c) = a \cdot b + a \cdot c$ $a \cdot (b-c) = a \cdot b - a \cdot c$

Rechenregeln: Ausdrücke in Klammern werden zuerst berechnet.
Punktrechnung geht vor Strichrechnung.
Von links nach rechts rechnen, wenn keine andere Regel zu beachten ist.

werden zuerst	nach rechts	geht vor	rechnen	zu beachten ist
Punktrechnung	berechnet,	wenn keine	Ausdrücke in Klammern	
	andere Regel	Von links	Strichrechnung	

▶ Auftrag: Formuliere mithilfe der Wortkarten unten Regeln, die für alle rationalen Zahlen gelten.

Trainieren und Festigen

1 Rechne im Kopf. Beachte die Rechenregeln.

a) $-6 \cdot (4-2) =$ __−12__   b) $6+(-4)-2=$ __0__   c) $-6+4 \cdot (-2)=$ __−14__

d) $-23-18:(-6)=$ __−20__   e) $23+(18-6)=$ __35__   f) $23+18:(-6)=$ __20__

g) $(-125+25) \cdot (-2) =$ __200__   h) $-5+3 \cdot (-4-3) =$ __−26__   i) $(-8+5) \cdot 3 \cdot (4-7) =$ __−6__

2 Entscheide, welche Aufgaben dieselben Ergebnisse haben. Zeichne Pfeile ein.

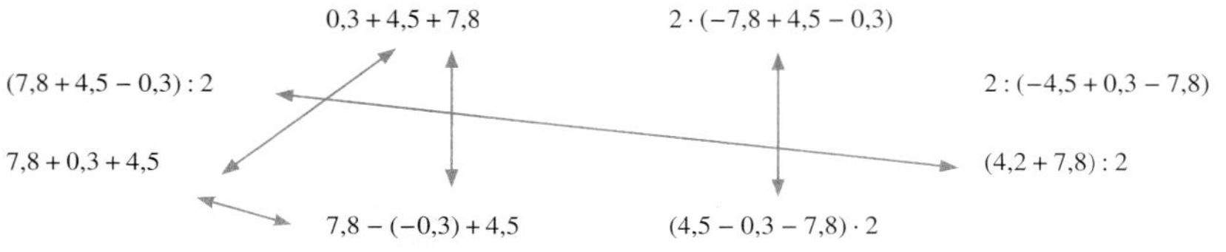

$0,3+4,5+7,8$ $2 \cdot (-7,8+4,5-0,3)$ $-7+4 \cdot 3 = -9$

$(7,8+4,5-0,3):2$ $2:(-4,5+0,3-7,8)$

$7,8+0,3+4,5$ $(4,5-0,3-7,8) \cdot 2$

$7,8-(-0,3)+4,5$ $(4,2+7,8):2$

3 Rechne vorteilhaft.

a) $4 \cdot 2+4 \cdot 3 = $ __$4 \cdot (2+3) = 20$__   b) $7 \cdot 3+13 \cdot 3 = $ __$(7+13) \cdot 3 = 60$__

c) $14 \cdot 7 - 8 \cdot 7 = $ __$(14-8) \cdot 7 = 42$__   d) $-5 \cdot 3+11 \cdot 3 = $ __$(-5+11) \cdot 3 = 18$__

e) $-18:9-27:9 =$ __$-2 \cdot 3 = -5$__   f) $-33:11+55:11=$ __$-3+5=2$__

g) $17-8+13=$ __$17+13-8 = 22$__   h) $3 \cdot 12 - 3 \cdot 8 = $ __$3 \cdot (12-8) = 12$__

i) $-7-13-10 \cdot 1,25 = $ __$-20-12,5 = -32,5$__   j) $(17-(-4 \cdot 3)+1):5 = $ __$(17+12+1):5 = 6$__

k) $(3 \cdot (-4)+2):5 = $ __$(-12+2):5 = -2$__   l) $2-2 \cdot 3+(1-4) = $ __$2-6+(-3) = -7$__

Anwenden und Vernetzen

4 Falsch oder richtig? Wie müsste man richtig rechnen?

a) $13-5 \cdot 2=4$ __falsch__ $13-2,5 = 10,5$

b) $-1 \cdot 15 \cdot (10 \cdot (-2))=-75$ __falsch__ $-15 \cdot (-5) = 75$

c) $((-5-13):2+6) \cdot (-2) = 6$ __richtig__

d) $(6-9:(-3)) \cdot 5 = 5$ __falsch__ $(6+3) \cdot 5 = 45$

e) $(-5+4) \cdot ((-100):(-2)) = 50$ __falsch__ $-1 \cdot 50 = -50$

f) $(11-35):((-6) \cdot (-2))=-2$ __richtig__

5 Bestimme jeweils zuerst das Vorzeichen des Ergebnisses.

a) $1 \cdot (-2) \cdot 2 =$ __−4__   b) $-1 \cdot 12 \cdot (-2) \cdot 10 =$ __240__

c) $-16 \cdot (-4) \cdot 20 : (-10) =$ __−8__   d) $-7 \cdot 5 \cdot (-2) : (-7) =$ __−10__

e) $(-1) \cdot (-2) \cdot (-3) \cdot (-1) : (-2) =$ __−3__   f) $(-1) \cdot (-5) \cdot (-2) \cdot (-10) =$ __1__

Gibt es in einer Aufgabe nur Punktrechnung, so kann man von der Anzahl der Minuszeichen auf das Vorzeichen des Ergebnisses schließen. Vervollständige hierzu die folgenden Merkregeln.

Gibt es eine gerade Anzahl von Minuszeichen, so ist das Ergebnis __positiv__.

Gibt es eine ungerade Anzahl von Minuszeichen, so ist das Ergebnis __negativ__.

6 Schreibe entsprechende Aufgaben auf und löse diese.

a) Multipliziere die Summe von −7 und 4 mit 3. $(-7+4) \cdot 3 = -9$

b) Addiere die Produkte von −8 und −2 und von −5 und 4 miteinander. $-8 \cdot (-2) + (-5) \cdot 4 = -4$

c) Addiere 3 zum Quotienten von 27 und 9 und addiere anschließend −2 hinzu. $3 + \frac{27}{9} + (-2) = 4$

d) Subtrahiere 2 von der Differenz von 8 und −1. $(8-(-1))-2 = 7$

7 Mehrere Schüler schätzen die Länge eines Raumes.
Beim Nachmessen stellten sie fest, dass er 8 m lang ist.
Sie bestimmten die Abweichungen von den Schätzungen.
Wurde die Länge des Raumes unter- oder überschätzt?

$(-60\,\text{cm} + 40\,\text{cm} + 20\,\text{cm} + 10\,\text{cm} - 50\,\text{cm}):5 = -8\,\text{cm}$

Die Länge des Raumes wurde im Durchschnitt etwas unterschätzt.

Abweichungen der Schätzungen von der gemessenen Länge
Anna: −60 cm
Berta: +40 cm
Lisa: +20 cm
Nora: +10 cm
Hanna: −50 cm

Hinweis: Lass mehrere Mitschülerinnen oder Mitschüler die Höhe eines Stuhles im Klassenraum schätzen.
Untersuche danach, ob die Höhe eher über- oder unterschätzt wurde.   __individuelle Lösungen__
Die Verwendung von Linealen und anderen Messhilfen ist beim Schätzen verboten.

Wichtig: Auf Seite 57 kannst du dein Wissen zum gesamten Kapitel 2: „Rationale Zahlen" testen.

Multiplikation und Division

▶ Grundwissen

Zwei rationale Zahlen mit gleichem Vorzeichen werden multipliziert bzw. dividiert, indem man die Beträge der Zahlen multipliziert bzw. dividiert.
Das Vorzeichen des Ergebnisses ist „+".

Beispiele: $+4 \cdot (+2) = +(4 \cdot 2) = $ __8__ $\qquad -22 : (-11) = +(22 : 11) = $ __2__

Zwei rationale Zahlen mit verschiedenen Vorzeichen werden multipliziert bzw. dividiert, indem man die Beträge der Zahlen multipliziert bzw. dividiert.
Das Vorzeichen des Ergebnisses ist „–".

Beispiele: $+2 \cdot (-7) = $ __–14__ $\qquad -36 : (+3) = -(36 : 3) = $ __–12__

▶ Auftrag: Ergänze.

Trainieren und Festigen

1 Multipliziere.

a) $+8 \cdot (-4) = $ __–32__

b) $-5 \cdot (-2) = $ __+10__

c) $+6 \cdot (+3) = $ __+18__

d) $-6 \cdot (-4) = $ __+24__

e) $-9 \cdot (-2) = $ __+18__

f) $-3 \cdot (+3) = $ __–9__

g) $+10 \cdot (-7) = $ __–70__

h) $-4 \cdot (-11) = $ __+44__

2 Dividiere.

a) $-36 : (-4) = $ __+9__

b) $+20 : (+5) = $ __+4__

c) $-16 : (+8) = $ __–2__

d) $610 : (-61) = $ __–10__

e) $-90 : (+3) = $ __–30__

f) $-30 : (-6) = $ __+5__

g) $-63 : (+7) = $ __–9__

h) $90 : (-90) = $ __–1__

3 Ergänze die fehlenden Zahlen in den Multiplikationsmauern.

		3000		
	–150	–20		
15	–10	2	1	
–3	–5	2	1	

		–1080		
	–18	+60	–10	
3	–6	–2	5	
1	3			

4 Entscheide, ob das Ergebnis „kleiner als null" oder „größer als null" ist.

a) $-10 \cdot (-2) \cdot 200 \cdot (+50)$ __größer als null__

b) $-30 \cdot (-3) \cdot 25 \cdot (-5)$ __kleiner als null__

c) $-500 \cdot (-2) \cdot 10 \cdot (-2,5)$ __kleiner als null__

d) $100 \cdot (-2) \cdot 200 \cdot 50$ __kleiner als null__

e) $-70 \cdot (-20) \cdot (-300) \cdot (-3)$ __größer als null__

f) $-50 \cdot (-11) \cdot 20 \cdot (-5)$ __kleiner als null__

Anwenden und Vernetzen

5 Die Klasse 7b war letzte Woche im Kino.
Die Lehrerin hatte das Geld für die Kinokarten ausgelegt.
Nun haben noch 10 Schülerinnen und Schüler jeweils 4,50 € Schulden bei ihr.
Wie viel Euro Schulden haben sie zusammen bei ihrer Klassenlehrerin?

$10 \cdot (-4{,}50\,€) = -45{,}00\,€$

Sie haben insgesamt 45,00 € Schulden bei ihrer Klassenlehrerin.

6 Sabine kauft 3 Kinokarten für jeweils 5,50 €. Sie bezahlt mit einem 20-€-Schein. Wieviel Geld bekommt sie zurück?

$3 \cdot 5{,}50\,€ = 16{,}50\,€$ und $20\,€ - 16{,}50\,€ = 3{,}50\,€$

Sabine bekommt 3,50 € Wechselgeld.

7 Markiere alle Fehler und bestimme das richtige Ergebnis.

a) $2 \cdot (10 - 7) \cdot (50 + 50) = \underline{20 - 7} \cdot 100 = 20 - 700 = -680$

$2 \cdot (10 - 7) \cdot (50 + 50) = 2 \cdot 3 \cdot 100 = 600$

b) $-45 : (-3 + 12) - (-4) = \underline{45 : 9 - 4} = \underline{45 : 5} = 9$

$-45 : (-3 + 12) - (-4) = -45 : 9 + 4 = -5 + 4 = -1$

c) $100 - (65 \cdot 2 - 80) : (-75 : 3) = 100 - 50 : (-25) = \underline{98}$

$100 - (65 \cdot 2 - 80) : (-75 : 3) = 100 - 50 : (-25) = 100 + 2 = 102$

8 Carola, Nadine und Lisa haben beim Schulfest an einem Stand Kuchen verkauft.
Die drei Schülerinnen nahmen insgesamt 67,00 € ein.
Für den Stand mussten sie 5,00 € zahlen und für den Kuchen fielen zuvor 50,00 € an.
Den restlichen Kuchen und den Gewinn wollen sie gleichmäßig aufteilen.

Auslagen: 5 € Standmiete; 50 € Kuchen   5 € + 50 € = 55 €

Differenz von Einnahmen und Auslagen: 67 € – 55 € = 12 €

Aufteilen des Gewinns: 12 € : 3 = 4 €

Jedes der drei Mädchen erhält 4 € und etwas vom übrig gebliebenen Kuchen.

9 Bilde aus den Zahlen 0; 1; … ; 9 und ihren Gegenzahlen Aufgaben und löse sie. Jede Zahl oder ihre Gegenzahl soll in jeder Aufgabe genau einmal vertreten sein. Findest du eine Aufgabe, die genau –100 ergibt?
z. B.

$100 = 2 \cdot 5 \cdot (7 + 3) - 0 \cdot (1 + 4 + 6 + 8 + 9)$

$-100 = 2 \cdot 5 \cdot (7 + 3) \cdot (-1) - 0 \cdot (4 + 6 + 8 + 9)$

Addition und Subtraktion

▶ Grundwissen

Die Addition von rationalen Zahlen kann man sich gut an Zahlengeraden verdeutlichen.
Wird eine positive Zahl addiert, so bewegt man sich nach rechts.
Wird eine negative Zahl addiert, so bewegt man sich nach links.
Beispiele: $(-5) + (+6,5) = (+1,5)$

$(+6) + (-9) = (-3)$

Bei der Subtraktion – Umkehrung der Addition – bewegt man sich entgegengesetzt auf der Zahlengeraden.
Wird eine positive Zahl subtrahiert, so bewegt man sich nach links.
Wird eine negative Zahl subtrahiert, so bewegt man sich nach rechts.
Beispiele: $(+1,5) - (+6,5) = (-5)$

$(-3) - (-9) = (+6)$

▶ Auftrag: Ergänze die Beispiele.

Trainieren und Festigen

1 Addiere.

a) $+38 + (+4) = \underline{42}$ b) $-50 + (-23) = \underline{-73}$ c) $+66 + (+8) = \underline{74}$

d) $-6 + (-53) = \underline{-59}$ e) $-9 + (+5) = \underline{-4}$ f) $-33 + (+8) = \underline{-25}$

2 Subtrahiere.

a) $+38 - (+4) = \underline{34}$ b) $+20 - (-80) = \underline{100}$ c) $-66 - (+12) = \underline{-78}$

d) $+9 - (+5) = \underline{4}$ e) $-60 - (+7) = \underline{-67}$ f) $-3 - (-8) = \underline{-11}$

3 Setze passende Rechenzeichen ein.

a) $+40 \;\boxed{+}\; (-80) = -40$ b) $-77 \;\boxed{+}\; (+17) = -60$ c) $-100 \;\boxed{+}\; (-80) = -180$

d) $-45 \;\boxed{-}\; (-45) = 0$ e) $+2,3 \;\boxed{-}\; (-5,3) = 7,6$ f) $+7 \;\boxed{+}\; (-8) \;\boxed{+}\; (-2) = -3$

4 Ergänze die fehlenden Zahlen in den Additionsmauern.

		+9		
	+13		-4	
+7		+6		-10
-1	+3	+5	-7	-1
-4			-8	

		0		
	+6		-6	
+2		+4		-2
+3	-1	+5	-4	-2
			-9	+7

Anwenden und Vernetzen

5 Andrea, Manja, Sven und Martin haben Karten gespielt.
Wer hat gewonnen?

Andrea:	8 Pluspunkte;	6 Minuspunkte;	6 Pluspunkte
Manja:	8 Pluspunkte;	3 Minuspunkte;	6 Minuspunkte
Sven:	4 Minuspunkte;	8 Minuspunkte;	8 Pluspunkte
Martin:	8 Pluspunkte;	5 Minuspunkte;	5 Minuspunkte

Andrea hat insgesamt 8 Pluspunkte, Manja 1 Minuspunkt, Sven 4 Minuspunkte und Martin 2 Minuspunkte.

Andrea hat die höchste Punktzahl.

6 Familie Schmidt hat am Monatsanfang 1 750 €
auf ihrem Konto. Im Laufe des Monats gab es folgende
Kontobewegungen:
– Abhebung von 250 €
– Abhebung von 150 €
– Einzahlung von 950 €
– Abbuchung der Miete von 350 €
– Rückzahlung vom Finanzamt von 100 €
Wie viel Geld ist am Monatsende
auf dem Konto?

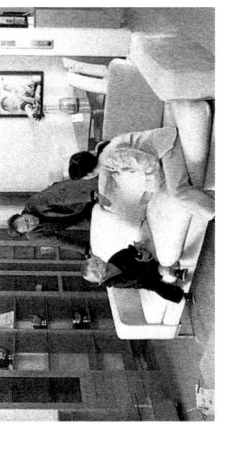

$1750 € + (-250 €) + (-150 €) + (+950 €) + (-350 €) + (+100 €) = 2050 €$

Familie Schmidt hat am Monatsende 2050 € auf dem Konto.

7 Zeichne Wege vom Start zum Ziel ein, die von einem Kästchen in ein benachbartes Kästchen führen.
Durchlaufe kein Kästchen mehrmals.
Berechne für jeden Weg die Summe der Zahlen in den Kästchen.

Start	+1	-2	+8	-5	+1
	-3	+4	-4	+6	-2
	+8	+6	+2	+1	-1
	-4	-3	-5	+2	+4	**Ziel**

individuelle Lösung

Koordinatensystem

▶ Grundwissen

Ein Koordinatensystem besteht aus zwei zueinander senkrechten Achsen, der x-Achse (Abszissenachse) und der y-Achse (Ordinatenachse).
Jede Achse ist gleichmäßig unterteilt.
Jeder Punkt P kann mit seinen Koordinaten $P(x;y)$ angegeben werden.

Beispiele: $A\ (3;1)$
$B\ (-2;-1)$

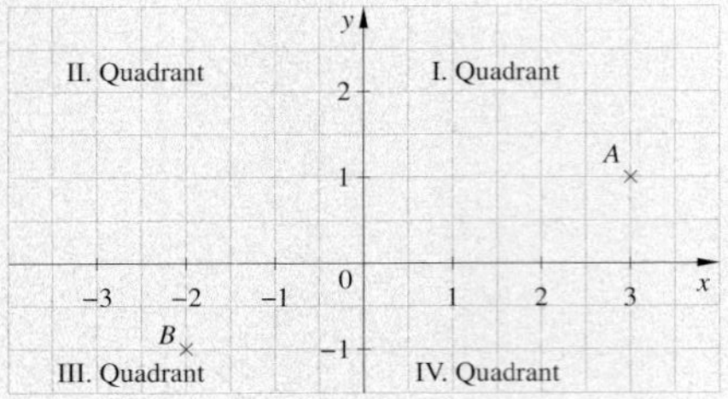

▶ Auftrag: Gib die Koordinaten der Punkte A und B an.

Trainieren und Festigen

1 Vervollständige die Angaben zu den im Koordinatensystem eingezeichneten Punkten.

$A(1;\ \underline{1}\ )$ $\qquad B(-2;\ \underline{1}\ )$
$C(\underline{-2}\ ;\ \underline{3}\ )$ $\qquad D(\underline{1}\ ;-1)$
$E(\underline{3}\ ;\ \underline{-3}\ )$ $\qquad F(\underline{2}\ ;\ \underline{3}\ )$
$G\ (-3;-1)$ $\qquad H\ (0;3)$

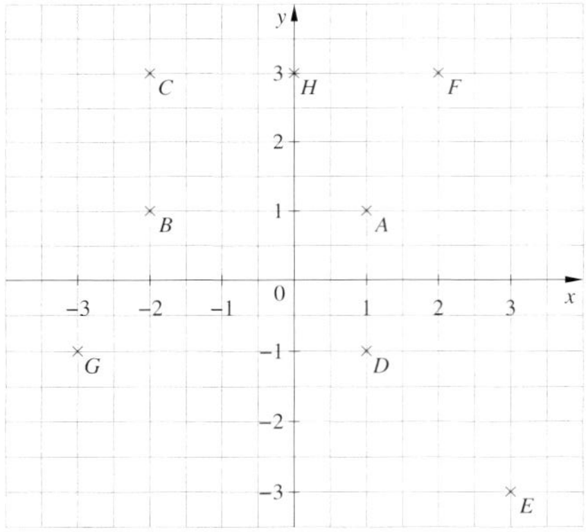

2 Zeichne die Punkte in das Koordinatensystem ein.

$A(0;7) \qquad B(-5;4)$
$C(5;4) \qquad D(-6;1)$
$E(0;1) \qquad F(6;1)$
$G(-5;-4) \qquad H(5;-4)$

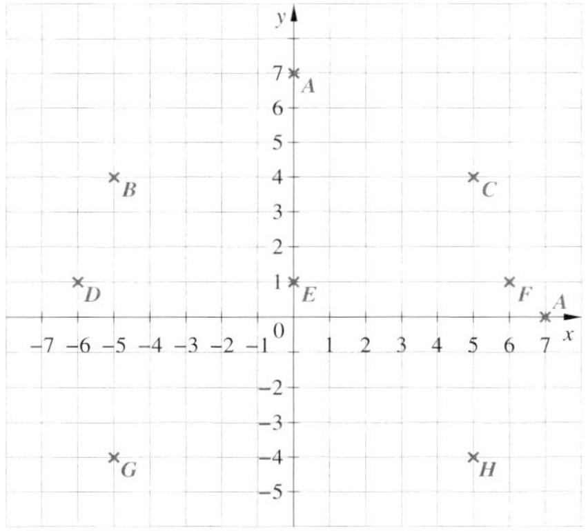

Anwenden und Vernetzen

3 ... im Koordinatensystem

a) Trage folgende Punkte ins Koordinatensystem ein. Verbinde die Punkte in alphabetischer Reihenfolge und den Punkt M mit dem Punkt A.

$A(-5;-2) \qquad F(1;3) \qquad C(6;1)$
$J(-1;3) \qquad E(3;3) \qquad G(2;5)$
$H(0;5) \qquad K(-4;3) \qquad B(4;-2)$
$L(-4;1) \qquad D(3;1) \qquad M(-7;1)$

b) Welche Strecken verlaufen parallel zur x-Achse?

$\underline{AB;\ CD;\ EF;\ GH;\ JK;\ LM}$

c) Welche Stecken verlaufen parallel zur y-Achse?

$\underline{KL;\ DE}$

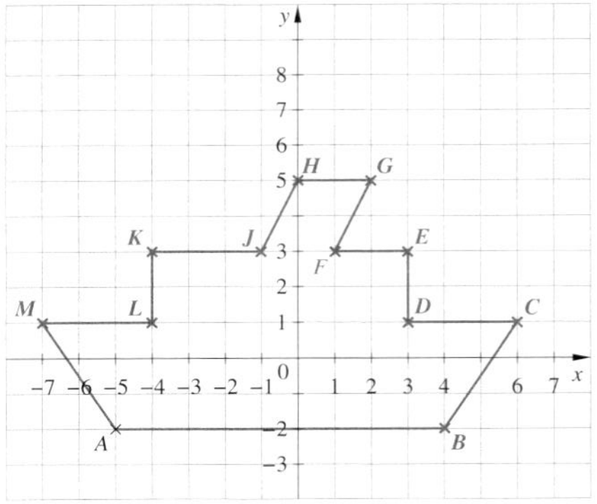

4 Vier Koordinatenwanderkäfer stehen auf den Punkten $K_1(1;-2)$, $K_2(4;1)$, $K_3(1;4)$ und $K_4(-2;1)$. Sie wollen sich an einem Punkt treffen, zu dem es alle gleich weit haben (Luftlinie).
Gib die Koordinaten des Treffpunktes T an. $\underline{T(1;1)}$

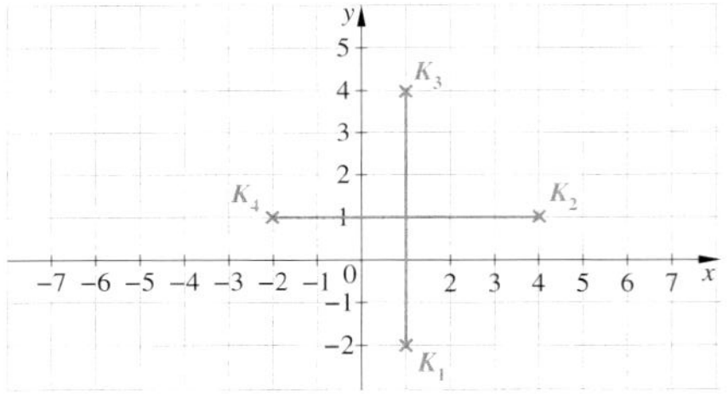

5 Anne, Paul und Leon spielen Schatzsuche. Leon „versteckte" den Schatz an einer Stelle mit ganzzahligen Koordinaten. Natürlich kennt nur er das Versteck. Anne und Paul versuchen, ihn möglichst schnell zu finden.

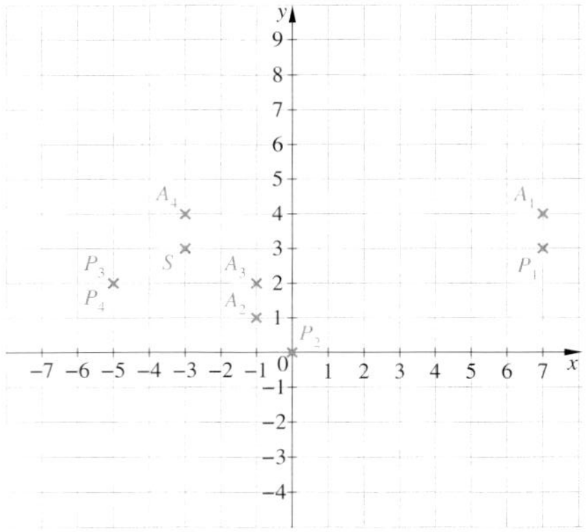

Anne:
„Ich starte mit $A_1(7;4)$."
„Ich gehe zu $A_2(-1;1)$."
„Ich gehe zu $A_3(-1;2)$."
„Ich gehe zu $A_4(-3;4)$."

Paul:
„Ich starte mit $P_1(7;3)$."
„Ich gehe zu $P_2(0;0)$."
„Ich gehe zu $P_3(-5;2)$."
„Ich bleibe stehen: $P_4(-5;2)$."

Leon:
„$P_1(7;3)$ ist näher am Schatz als $A_1(7;4)$."
„$A_2(-1;1)$ ist näher am Schatz als $P_2(0;0)$."
„Ihr seid beide gleich weit vom Schatz weg."
„$A_4(-3;4)$ ist näher am Schatz als $P_4(-5;2)$."

a) Wo könnte der Schatz sein? $\underline{S(-3;3)}$
b) Spielt Schatzsuche.

Rationale Zahlen

Ordnen und Vergleichen

▶ Grundwissen

Die _negativen_ Zahlen bilden zusammen mit den positiven Zahlen und der Null die Menge der rationalen Zahlen **Q**, dazu gehören z. B.: −6,4; −$\frac{1}{2}$; −0,2; 0; 2,8; 4.
Mithilfe von Zahlengeraden lassen sich die Zahlen gut vergleichen.

Je weiter rechts eine Zahl steht, desto _größer_ ist sie.

Den Abstand einer Zahl zu null nennt man _Betrag_ der Zahl.
Beispiel: |3| = 3 |−3| = 3

▶ Auftrag: Ergänze.

Trainieren und Festigen

1 Veranschauliche folgende Zahlen auf der Zahlengeraden.   2; −1,5; −7; 11; 7; −12; −14; 5,5; 0

2 Gib jeweils zwei ganze Zahlen an, die zwischen den gegebenen Zahlen liegen.

a) Zwischen −3 und 1 liegen   _0; −1; −2_   b) Zwischen 2 und −2 liegen   _1; 0; −1_
c) Zwischen −3 und −6 liegen _−4; −5_   d) Zwischen −7 und 0 liegen   z. B. _−1; −2; −3_
e) Zwischen 0 und −5 liegen   _−1; −2; −3; −4_   f) Zwischen 1 und −4 liegen   _0; −1; −2; −3_

3 Gib jeweils den Betrag an.

a) |7| = _7_   b) |−7,7| = _7,7_   c) |−111| = _111_   d) |−10,5| = _10,5_

4 Vergleiche.

a) 15 _>_ −7   b) −3,5 _<_ 3,5   c) −8 _<_ −7   d) −6,2 _<_ −6
e) −40 _<_ −4   f) −4 _<_ −3,7   g) |−7| _>_ 5   h) |−3| _>_ 2

5 Welche Zahl könnte die gesuchte Zahl sein? Gib, wenn möglich, mehrere Beispiele an.

a) Anne sucht eine Zahl, die einen Abstand von drei zu −2 hat.   _−5; 1_
b) Bert sucht eine Zahl, die einen Abstand von fünf zu 0 hat.   _−5; 5_
c) Carina sucht eine Zahl, die einen Abstand von drei zu −1 hat. _−4; 2_
d) Denise sucht eine Zahl, die einen Abstand von siebzig zu −3 hat. _−73; 67_

6 Ordne die Zahlen.   −5; 13; −2,7; 3,3   _−5 < −2,7 < 3,3 < 13_

Anwenden und Vernetzen

7 Gib zuerst die Zahl an, die zum Sachverhalt gehört.
Schreibe danach die Gegenzahl auf. Welche Bedeutung könnte die Gegenzahl haben?

a) 2 300 € Guthaben
Zahl: _2 300_   Gegenzahl: _−2 300_
Bedeutung der Gegenzahl:
z. B. 2 300 € Schulden

b) 7,5 % Zunahme
Zahl: _7,5_   Gegenzahl: _−7,5_
Bedeutung der Gegenzahl:
z. B. 7,5 % Abnahme

c) 3 °C unter Null
Zahl: _−3_   Gegenzahl: _3_
Bedeutung der Gegenzahl:
z. B. 3 °C über Null

d) 2. Etage
Zahl: _2_   Gegenzahl: _−2_
Bedeutung der Gegenzahl:
z. B. zweites Geschoss unter der Erde

e) 59 m Höhe
Zahl: _59_   Gegenzahl: _−59_
Bedeutung der Gegenzahl:
z. B. 59 m Tiefe

8 Unsere Zeitrechnung begann mit der Geburt Christi. Zeitangaben, die vor dem Beginn unserer Zeitrechnung liegen, erhalten deshalb den Zusatz v. Chr. (vor Christus).

römischer Staatsmann	römischer Kaiser	römischer Kaiser
Julius Cäsar	**Augustus**	**Tiberius**
Geburt: 100 v. Chr.	Geburt: 63 v. Chr.	Geburt: 42 v. Chr.
Tod: 44 v. Chr.	Tod: 14 n. Chr.	Tod: 37 n. Chr.

Finde heraus, wer von den drei Römern am ältesten wurde? Begründe deine Antwort.

Cäsar: 56 Jahre

Augustus: 76 Jahre

Tiberius: 78 Jahre

Tiberius wurde am ältesten.

(Das Jahr Null gab es nicht.)

Dreisatz-Verfahren

▶ Grundwissen

1. Schritt beim Dreisatz-Verfahren: Schreibe das gegebene Wertepaar auf.
2. Schritt beim Dreisatz-Verfahren: Berechne den Wert für eine Einheit.
3. Schritt beim Dreisatz-Verfahren: Berechne den gesuchten Wert.

Beispiele:

Proportionale Zuordnung

Anzahl der Stifte	Preis in Euro
6	12,00
1	2,00
7	14,00

(:6, :6, ·7, ·7)

Antiproportionale Zuordnung

Anzahl der Maschinen	Arbeitsdauer in h
3	21
1	63
7	9

(:3, ·3, ·7, :7)

▶ **Auftrag:** Ergänze mithilfe des Dreisatz-Verfahrens die Tabellen.

Trainieren und Festigen

1 Ergänze die Tabellen zu proportionalen Zuordnungen.

a)
Anzahl	Masse in kg
8	8,8
1	1,1
6	6,6

b)
Zeit in h	Gebühr in €
3	1,50
1	0,50
7	3,50

c)
Menge in l	Preis in €
3	3,60
1	1,20
4	4,80

2 Ergänze die Tabellen zu antiproportionalen Zuordnungen.

a)
Anzahl der Lkws	Arbeitsdauer in h
5	4
1	20
2	10

b)
Anzahl der Drucker	Arbeitsdauer in h
2	6
1	12
3	4

c)
Anzahl der Maurer	Arbeitsdauer in h
10	9
1	90
9	10

3 Entscheide zuerst, ob eine proportionale oder antiproportionale Zuordnung vorliegt. Löse die Aufgaben danach mithilfe des Dreisatz-Verfahrens.

a) Der Futtervorrat reicht für 2 Katzen 15 Tage. Nach wie vielen Tagen ist er aufgebraucht, wenn eine dritte Katze mitgefüttert wird?

☐ proportionale Zuordnung   ☒ antiproportionale Zuordnung

Anzahl der Katzen	Futtervorrat in Tagen
2	15
1	30
3	10

Bei 3 Katzen ist der Vorrat nach __10__ Tagen aufgebraucht.

b) 7 Schälchen des Katzenfutters kosten 3,50 €. Wie viel kosten 10 Schälchen?

☒ proportionale Zuordnung   ☐ antiproportionale Zuordnung

Anzahl der Schälchen	Preis in €
7	3,50
1	0,50
10	5,00

10 Schälchen Katzenfutter kosten __5,00 €__.

Anwenden und Vernetzen

4 Wende das Dreisatz-Verfahren an.

a) 5 Mädchen wollen mit einem 5-Personenticket der Bahn für 15,00 € fahren. Sara bezahlt für drei Kinder. Johanna übernimmt den Rest. Wie viel zahlt Sara und wie viel Johanna?

Sara zahlt 9,00 €, Johanna zahlt 6,00 € (= 2 · 3,00 €).

Anzahl der Personen	Preis in €
5	15,00
1	3,00
3	9,00

b) Schüler stellen für eine Theateraufführung 4 Reihen mit je 24 Stühlen auf. Wie viele Stühle hätten in einer Reihe gestanden, wenn sie die gleiche Anzahl in 6 Reihen aufgestellt hätten?

Bei 6 Reihen würden 16 Stühle in einer Reihe stehen.

Anzahl der Reihen	Stühle je Reihe
4	24
1	96
6	16

c) Aus 20 l Milch lässt sich rund 1 kg Butter herstellen. Wie viel Liter Milch werden für ein Stück Butter (250 g) benötigt?

Ein Stück Butter entsteht aus rund 5 l Milch.

Butter in g	Milch in l
1000	20
1	0,02
250	5

5 Der Boden eines Raumes wurde mit 80 Platten, die 400 cm² groß sind, gefliest.

a) Wie viele 500 cm² große Platten hätte man dafür mindestens benötigt?

Mindestens 64 derartige Platten hätte man dafür gebraucht.

Flächeninhalt in cm²	Anzahl der Platten
400	80
100	320
500	64

b) Gib mögliche Maße des Raumes in Metern an. z. B. Der Raum ist 32,00 m² groß. Er könnte 8 m lang und 4 m breit sein.

6 Mit einem Zug wird bei einer Durchschnittsgeschwindigkeit von 100 km pro Stunde das Ziel nach 24 h erreicht.

a) Wie lange benötigt ein Flugzeug mit einer Durchschnittsgeschwindigkeit von 1 200 km pro Stunde für die gleiche Strecke?

Das Flugzeug benötigt für die gleiche Strecke 2 h.

b) Wie lange benötigt das Flugzeug mit einer Durchschnittsgeschwindigkeit von 600 km pro Stunde für die gleiche Strecke?

Das Flugzeug ist halb so schnell, fliegt also doppelt so lange.

Es benötigt also 4 h.

Geschwindigkeit in km/h	Zeit in h
100	24
1	2400
600	4

c) Wie lange benötigen die Flugzeuge bei a) und b) für eine Strecke, die nur halb so lang ist?

Bei 1 200 km pro Stunde benötigt das Flugzeug 1 h. Bei 600 km pro Stunde benötigt das Flugzeug 2 h.

Wichtig: Auf Seite 56 kannst du dein Wissen zum gesamten Kapitel 1: „Zuordnungen" testen.

Antiproportionale Zuordnungen

▶ Grundwissen

Bei einer antiproportionalen Zuordnung folgt aus der Verdoppelung (Verdreifachung, ...) des Ausgangswertes die Halbierung (Drittelung, ...) des zugeordneten Wertes. Halbiert (drittelt, ...) man den Ausgangswert, so wird der zugeordnete Wert verdoppelt (verdreifacht, ...).

Im Koordinatensystem liegen alle zugehörigen Punkte auf einer Kurve, die sich für sehr kleine x-Werte der y-Achse und für sehr große x-Werte der x-Achse annähert.

Beispiel:

Anzahl der Maler	4	2	6
Arbeitszeit in h	3	6	2

▶ Auftrag: Vervollständige die Tabelle und trage entsprechende Punkte ins Koordinatensystem ein.

Trainieren und Festigen

1 Ergänze die Tabellen zu antiproportionalen Zuordnungen. Gib die Produkte der einander zugeordneten Werte an.

a)
Anzahl der Schüler	1	2	4	5
Preis pro Schüler in €	100	50	25	20

Das Produkt einander zugeordneter Werte ist __100__.

b)
Anzahl der Arbeiter	1	2	3	5
Arbeitsdauer in h	30	15	10	6

Das Produkt einander zugeordneter Werte ist __30__.

c)
Anzahl der Tiere	24	12	6	3
Futtervorrat in Tagen	2	4	8	16

Das Produkt einander zugeordneter Werte ist __48__.

d)
Verbrauch pro 100 km in l	5	10	20	40
Fahrstrecke in km	160	80	40	20

Das Produkt einander zugeordneter Werte ist __800__.

2 Veranschauliche die Zuordnungen. Kreuze an, ob sie antiproportional sind oder nicht.

a)
x	6	4	3	2	1,5	1
y	1	1,5	2	3	4	6

☒ antiproportional ☐ nicht antiproportional

b)
x	0,6	1	1,2	2	2,4	4
y	4	2,4	2	1,2	1	0,6

☒ antiproportional ☐ nicht antiproportional

c)
x	1	2	3	4	5	6
y	0,5	1	1,5	2	2,5	3

☐ antiproportional ☒ nicht antiproportional

Anwenden und Vernetzen

3 In einer Buchbinderei werden 1 000 Schulbücher verpackt. Ein Paket aus 1 000 Büchern wäre sehr schwer. Man teilt deshalb die Bücher auf.

a) Ergänze die Tabelle.

Anzahl der Pakete	2	4	5	8	10	25	40	50	100
Anzahl der Bücher in einem Paket	500	250	200	125	100	40	25	20	10

b) Welche Pakete aus Teilaufgabe a könntest du tragen, wenn ein Buch etwa 500 g wiegt? Begründe.

z. B.
40 · 500 g = 20 000 g = 20 kg

Vermutlich kannst du ein Paket mit bis zu 40 Büchern tragen.

4 Entscheide, ob die folgenden Zuordnungen proportional (p), antiproportional (a) oder keines von beidem sind. Begründe deine Entscheidungen.

a) Preis für ein Brot – Preis für viele gleiche Brote   ☒ p ☐ a
z. B.
Zwei Brote kosten doppelt so viel wie eins usw.

b) durchschnittliche Geschwindigkeit – benötigte Fahrzeit bei gleich langer Strecke   ☐ p ☒ a
z. B.
Bei doppelter Durchschnittsgeschwindigkeit braucht man halb so lang für die gleiche Strecke.

c) Dicke eines Buches – Höhe eines Stapels aus diesen Büchern   ☒ p ☐ a
z. B.
Zwei gleiche Bücher sind doppelt so dick wie eins.

d) Größe eines Trinkglases – Anzahl der Gläser, die durch eine 1-l-Flasche gefüllt werden können.   ☐ p ☒ a
z. B.
Passt doppelt so viel ins Glas, können nur halb so viele Gläser gefüllt werden.

e) Alter eines Menschen – Körpergröße eines Menschen   ☐ p ☐ a
z. B.
Das Körperwachstum ist nicht gleichmäßig.

5 Gekrümmte Linie

a) Lies aus dem Diagramm sechs Wertepaare ab und untersuche, ob die Zuordnung antiproportional ist.

x	0,5	1	2	3	5	6
y	6	3,5	2	1	0,6	0,5

Die Zuordnung ist nicht antiproportional.

b) Erfinde eine Geschichte zur gekrümmten Linie.

individuelle Lösung

(z. B.: Tee kühlt ab ...)

Proportionale Zuordnungen

▶ Grundwissen

Bei einer proportionalen Zuordnung folgt aus der Verdopplung (Verdreifachung, ...) des Ausgangswertes die Verdopplung (Verdreifachung, ...) des zugeordneten Wertes. Halbiert (drittelt, ...) man den Ausgangswert, so wird auch der zugeordnete Wert halbiert (gedrittelt, ...).
Im Koordinatensystem liegen alle zugehörigen Punkte auf einem Strahl, der im Ursprung beginnt.

Beispiel:

Anzahl der Brötchen	3	12	1
Preis in Euro	0,90 €	3,60 €	0,30 €

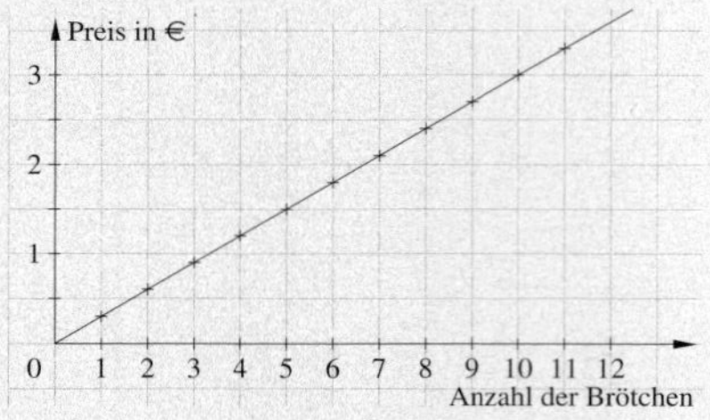

▶ Auftrag: Vervollständige das Beispiel.

Trainieren und Festigen

1 Ergänze die Tabellen zu proportionalen Zuordnungen. Überlege dir jeweils eine passende Aufgabenstellung.

a)
Anzahl Brötchen	1	2	4	5
Preis in €	0,50	1,00	2,00	2,50

b)
Zeit in min	5	10	15	20
Wasser in l	20	40	60	80

c)
Arbeitszeit in h	10	20	30	40
Lohn in €	80	160	240	320

d)
Volumen in cm³	5	10	30	40
Masse in g	55	110	330	440

e)
Länge in m	1	3	5	30
Masse in kg	3	9	15	90

f)
Zeit in min	15	60	90	180
Weg in km	1	4	6	12

2 Veranschauliche die Zuordnungen im Koordinatensystem. Kreuze an, ob sie proportional sind oder nicht.

a)
x	1	2	3	4	5	6
y	0,5	1	1,5	2	2,5	3

☒ proportional   ☐ nicht proportional

b)
x	1	2	3	4	5	6
y	2	3	3,5	4	5	5,5

☒ proportional   ☒ nicht proportional

c)
x	1	2	3	4	5	6
y	1,5	2	2,5	3	3,5	4

☐ proportional   ☒ nicht proportional

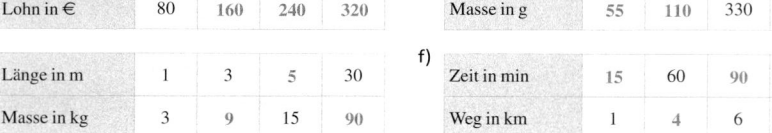

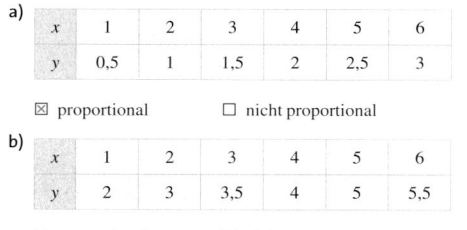

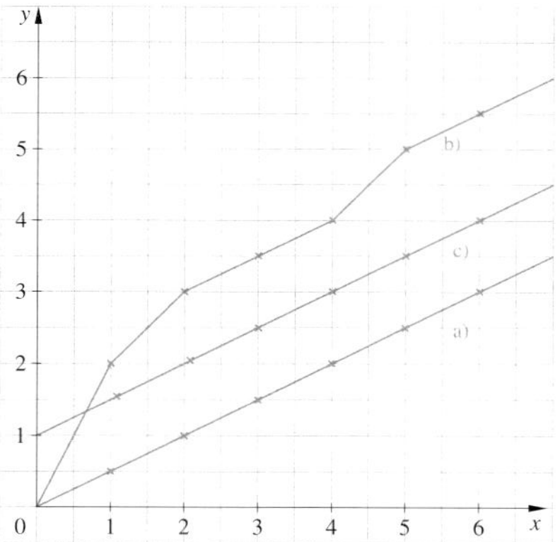

Anwenden und Vernetzen

3 Einwohnerzahlen einiger großer Städte

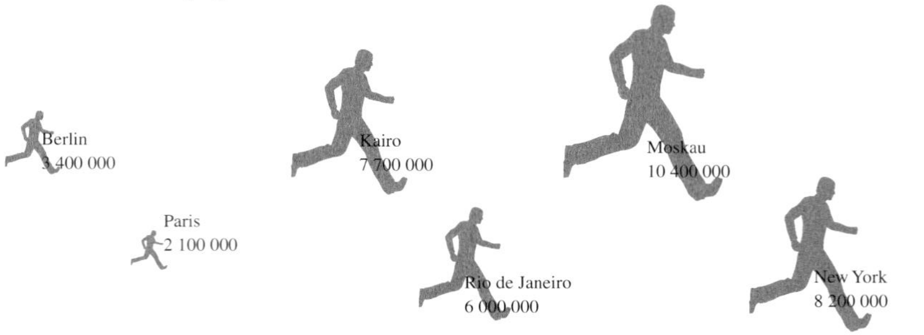

Berlin 3 400 000
Paris 2 100 000
Kairo 7 700 000
Moskau 10 400 000
Rio de Janeiro 6 000 000
New York 8 200 000

a) Die Einwohnerzahlen wurden hier durch die Größe der Person dargestellt.
Miss die Höhe der Person und ergänze die Tabelle.

Stadt	Einwohner	Höhe der Person
Berlin	3 400 000	1,2 cm
Kairo	7 700 000	2,6 cm
Moskau	10 400 000	3,5 cm
Paris	2 100 000	0,7 cm
Rio de Janeiro	6 000 000	2,0 cm
New York	8 200 000	2,7 cm

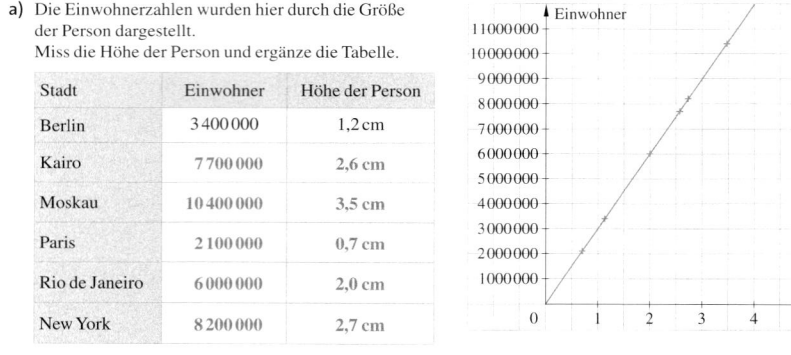

b) Moskau hat etwa 5-mal so viele Einwohner wie Paris. Findest du, dass die Größe der Person das gut verdeutlicht? Begründe.
z. B.
Nein, die Person für Moskau sieht viel größer (als 5-mal so groß) aus, als die Person für Paris.
Die Höhe der Person ist zur Einwohnerzahl proportional, die Fläche aber nicht. Die Person wird gleichzeitig höher und breiter. Wären gleich breite Streifen mit unterschiedlicher Höhe abgebildet worden, gäbe es diesen Eindruck nicht.

4 Beim Obstgroßhändler bezahlt ein Einzelhandelskaufmann für 10 kg Weintrauben 12 €.
Der Wiederverkaufspreis ist um die Hälfte höher.

a) Wie viel kostet 1 kg Weintrauben im Geschäft?
12 : 10 = 1,2   1,2 + 0,6 = 1,8   Im Geschäft kostet 1 kg Weintrauben 1,80 €.

b) Ergänze die Tabelle.

Masse	50 kg	200 kg	300 kg	5 kg	2,5 kg
Großhandelspreis	60,00 €	240,00 €	360,00 €	6,00 €	3,00 €
Einzelhandelspreis	90,00 €	360,00 €	540,00 €	9,00 €	4,50 €

Zuordnungen

Zuordnungen und ihre Beschreibung

▶ Grundwissen

Zuordnungen kann man z. B. mithilfe von Diagrammen, Tabellen, Rechenvorschriften und Texten darstellen.
Eine Zuordnung weist jedem Wert einer Menge einen oder mehrere Werte einer anderen Menge zu.

▶ Auftrag: Kreuze an.

Trainieren und Festigen

1 Verbinde die Begriffe für die es eine sinnvolle Zuordnung gibt. Formuliere deine Zuordnungen mit Worten.

Preis in Euro — Bus — Anzahl an Brötchen — Tag — Datum — Abfahrtszeit — Nummer — Schüler

z. B.
Jedem Schüler einer Klasse kann im Klassenbuch eine Nummer zugeordnet werden.

Jedem Tag kann ein Datum zugeordnet werden.

Einem Bus kann eine Abfahrtszeit zugeordnet werden.

Jeder Anzahl von Brötchen wird ein Preis zugeordnet.

2 Temperaturverlauf

a) Welche Größen werden hier einander zugeordnet?

Jeder Tageszeit wird die

Lufttemperatur zugeordnet.

b) Wann wurde die höchste Temperatur gemessen?

um 14:00 Uhr

c) Wie groß war die höchste Temperatur?

13 °C

3 Ordne den natürlichen Zahlen von 5 bis 10 ihr Dreifaches zu.

x	5	6	7	8	9	10
y	15	18	21	24	27	30

4 In einem Supermarkt kostet eine Tafel Schokolade 70 ct.
Ergänze die Tabelle so, dass man den Preis für 1 bis 10 Tafeln Schokolade ablesen kann.

Anzahl der Tafeln	1	2	3	4	5	6	7	8	9	10
Preis in Euro	0,70	1,40	2,10	2,80	3,50	4,20	4,90	5,60	6,30	7,00

Anwenden und Vernetzen

5 Fahrpläne von Zügen

a) Wo starten die beiden Züge?

Der ICE 940 startet in __Berlin__ .

Der ICE 845 startet in __Hannover__ .

Wo enden die beiden Züge?

Der ICE 940 fährt bis __Hannover__ .

Der ICE 845 fährt bis __Berlin__ .

Wo begegnen sich die beiden Züge?

Die Züge begegnen sich in __Wolfsburg__ .

b) Erstelle einen Plan, wann die Züge die Bahnhöfe der folgenden Städte passieren.

	Berlin	Rathenow	Stendal	Wolfsburg	Hannover
ICE 940	11:20 Uhr	11:54 Uhr	12:02 Uhr	12:23 Uhr	13:00 Uhr
ICE 845	13:36 Uhr	13:04 Uhr	12:56 Uhr	12:35 Uhr	12:00 Uhr

c) Wie viele Kilometer fahren die Züge von Berlin bis Hannover?

70 km + 70 km + 33 km + 68 km = 241 km; zwischen Berlin und Hannover liegen 241 km Schienenweg.

d) Wie viel Zeit benötigen die Züge etwa für die genannte Strecke?

Der ICE 940 benötigt etwa __100 min__ . Der ICE 845 benötigt etwa __95 min__ .

Welcher Zug ist schneller? Der ICE __845__ ist schneller als der ICE __940__ .

6 Zu einem der folgenden Diagramme passt der Anfang der Geschichte.
Setze die Geschichte passend zu diesem Diagramm fort.

Anne läuft von zu Hause zur Bahn. Sie wartet an der Haltestelle etwa 7 min.
Dann fährt sie mit der Bahn eine Station.

individuelle Geschichte zum zweiten Diagramm

(z. B.: Sie steigt aus und geht in ein Geschäft, wo sie 20 min bleibt. Von dort geht sie zu Fuß

eine Haltestelle weiter zum Blumenladen, kauft dort Blumen und fährt mit der Bahn zurück.

Das letzte Stück geht sie wieder zu Fuß.)

Inhaltsverzeichnis

Zuordnungen **2**
Zuordnungen und ihre Beschreibung 2
Proportionale Zuordnungen 4
Antiproportionale Zuordnungen 6
Dreisatz-Verfahren 8

Rationale Zahlen **10**
Ordnen und Vergleichen 10
Koordinatensystem 12
Addition und Subtraktion 14
Multiplikation und Division 16
Rechengesetze und Vorrangregeln 18

Geometrische Grundkonstruktionen **20**
Entdeckungen an Geradenkreuzungen 20
Winkel in eckigen Figuren 22
Winkelhalbierende 24
Mittelsenkrechte 26
Seitenhalbierende 28

Prozentrechnung **30**
Anteile und Prozente 30
Grundaufgaben der Prozentrechnung 32
Sachaufgaben zur Prozentrechnung 34
Vermehrter und verminderter Grundwert 36

Konstruktion von Dreiecken **38**
Kongruente Figuren 38
Kongruenz zweier Dreiecke 40
Kongruenzsätze für Dreiecke 42

Beschreibende Statistik **44**
Besondere Werte einer Datenmenge 44
Vergleichen von Datenmengen 46

Terme und einfache Gleichungen **48**
Terme 48
Termumformungen 50
Inhaltliches Lösen von Gleichungen 52
Rechnerisches Lösen von Gleichungen 54

Tests **56**
Zuordnungen 56
Rationale Zahlen 57
Geometrische Grundkonstruktionen 58
Prozentrechnung 59
Konstruktion von Dreiecken 60
Beschreibende Statistik 61
Terme und einfache Gleichungen 62
Jahrgangsstufentest 63

Dieses Heft gehört: _____   Klasse: _____

Arbeitsheft extra
einfaches Zahlenmaterial

Interaktiv
Mathematik 7
Rheinland-Pfalz

LÖSUNGEN

Anwenden und Vernetzen

4 Mike biegt mit seinem Rennrad von der Ebertstraße kommend rechts in den Nordring ein und fährt anschließend links in die Oststraße. Abends trifft er Brit und erzählt ihr stolz, dass er beide Kurven gleich scharf nehmen musste, um auf dem schmalen Radweg zu bleiben.
Brit meint, dass das nicht sein kann.
Wer von beiden hat Recht? Begründe deine Meinung.

---

5 Können die Angaben stimmen? Begründe.

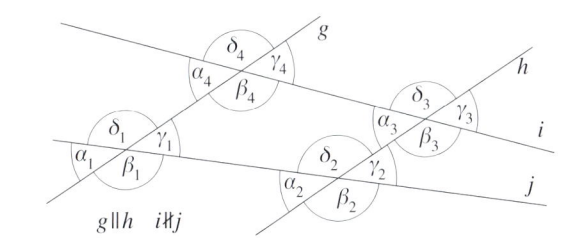

a) $\alpha_1 = 46°; \beta_1 = 134°; \gamma_1 = 46°; \delta_1 = 134°$ ☐ ja ☐ nein
b) $\alpha_1 = 25°; \alpha_2 = 25°; \alpha_3 = 25°; \alpha_4 = 25°$ ☐ ja ☐ nein
c) $\alpha_1 = 37°; \gamma_1 = 37°; \alpha_2 = 37°; \gamma_2 = 37°$ ☐ ja ☐ nein
d) $\alpha_1 = 77°; \gamma_1 = 77°; \alpha_4 = 77°; \gamma_4 = 77°$ ☐ ja ☐ nein
e) $\alpha_1 = 45°; \delta_2 = 125°; \alpha_2 = 45°; \beta_2 = 125°$ ☐ ja ☐ nein

$g \parallel h \quad i \not\parallel j$

6 Die Geraden g und h sind parallel zueinander. Zwei Winkel sind gegeben.
Berechne alle anderen Winkel und trage sie in die Zeichnung ein.

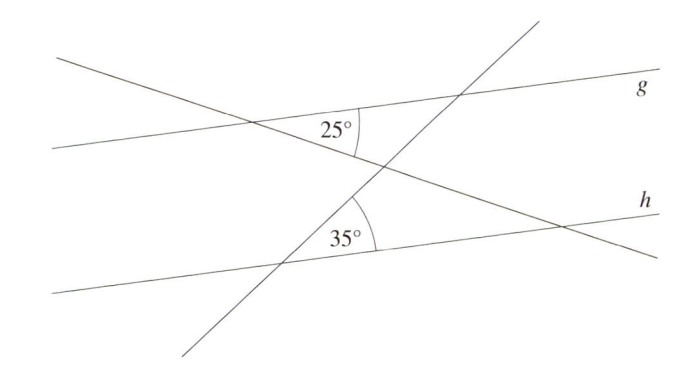

25°

35°

7 Winkel in bzw. an Parallelogrammen und Trapezen

a) Zeichne jeweils vier Geraden, sodass ein Parallelogramm und ein nicht gleichschenkliges Trapez entstehen.
Zähle die Anzahl der entstandenen Paare gleich großer Stufen- und Wechselwinkel.

Parallelogramm							Trapez

Paare gleich großer Stufenwinkel: _____			Paare gleich großer Stufenwinkel: _____

Paare gleich großer Wechselwinkel: _____			Paare gleich großer Wechselwinkel: _____

22 Geometrische Grundkonstruktionen — Trainieren und Festigen

Winkel in eckigen Figuren

▶ **Grundwissen**

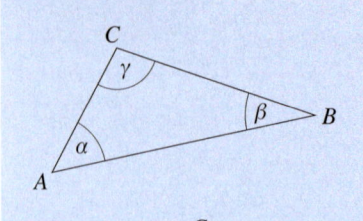

In jedem Dreieck beträgt die Innenwinkelsumme _____

$\alpha + \beta + \gamma =$ _____

In jedem Viereck beträgt die Innenwinkelsumme _____

$\alpha + \beta + \gamma + \delta =$ _____

▶ **Auftrag:** Ergänze die Innenwinkelsummen.

Trainieren und Festigen

1 Miss jeweils die Größen der Innenwinkel und bilde deren Summe.

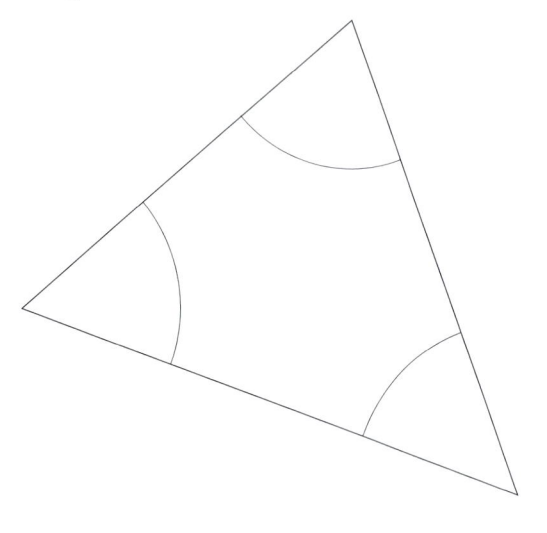

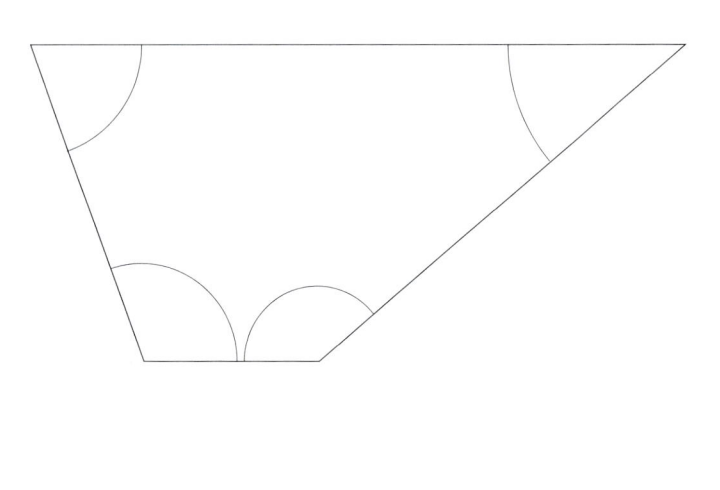

_____   _____

2 Berechne die fehlenden Winkelgrößen der Dreiecke.

α	120°	60°		100°	50°	70°
β	30°		30°		99°	
γ		50°	70°	20°		35°

3 Berechne die fehlenden Winkelgrößen der Vierecke.

α	100°	60°	80°		90°	95°
β	100°	140°		70°		95°
γ	100°		50°	250°	90°	
δ		60°	110°	30°	90°	85°

Anwenden und Vernetzen   Winkel in eckigen Figuren   23

Anwenden und Vernetzen

4 Eigenschaften von Figuren

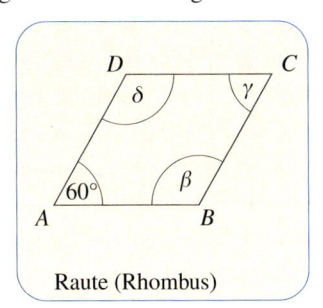

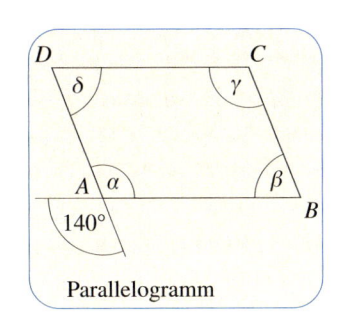

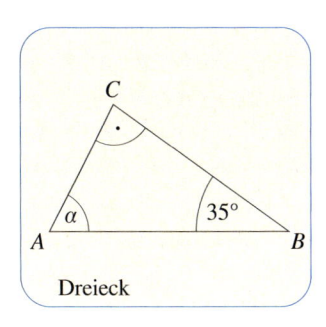

Raute (Rhombus)   Parallelogramm   Dreieck

a) Kreuze an, welche Eigenschaften jeweils auf die Figur oben zutreffen.

☐ Dreieck	☐ Dreieck	☐ Dreieck
☐ Viereck	☐ Viereck	☐ Viereck
☐ rechter Innenwinkel	☐ rechter Innenwinkel	☐ rechter Innenwinkel
☐ ein Paar paralleler Seiten	☐ ein Paar paralleler Seiten	☐ ein Paar paralleler Seiten
☐ zwei Paare paralleler Seiten	☐ zwei Paare paralleler Seiten	☐ zwei Paare paralleler Seiten
☐ alle Seiten sind gleich lang	☐ alle Seiten sind gleich lang	☐ alle Seiten sind gleich lang
☐ zwei Seiten sind gleich lang	☐ zwei Seiten sind gleich lang	☐ zwei Seiten sind gleich lang

b) Ermittle die Größen der eingezeichneten Winkel.

_____   _____   _____

_____   _____   _____

5 Beurteile die Aussagen. Begründe deine Entscheidung.

Bea schrieb: „Es gibt ein gleichschenkliges Dreieck, in dem die Basiswinkel 100° groß sind."   ☐ wahr ☐ falsch

_____

Paul schrieb: „Es gibt ein gleichseitiges Dreieck, in dem alle Winkel 70° groß sind."   ☐ wahr ☐ falsch

_____

Hanna schrieb: „Es gibt ein gleichseitiges Dreieck, in dem alle Winkel 50° groß sind."   ☐ wahr ☐ falsch

_____

Felix schrieb: „Es gibt ein Viereck, in dem alle Winkel 90° groß sind."   ☐ wahr ☐ falsch

_____

6 Wie groß ist jeweils die Innenwinkelsumme der folgenden Figuren?

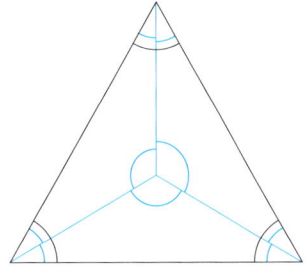

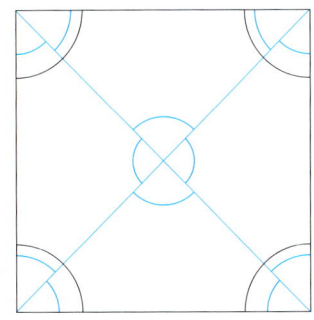

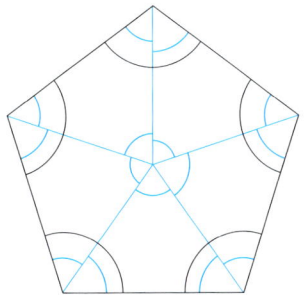

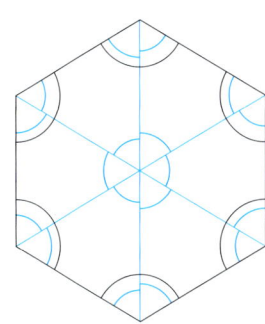

_____   _____   _____   _____

24 Geometrische Grundkonstruktionen — Trainieren und Festigen

Winkelhalbierende

▶ **Grundwissen**

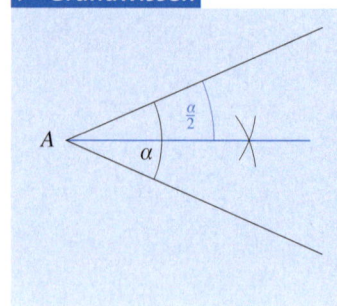

Aussage	wahr	falsch
Die Winkelhalbierende eines Winkels α teilt diesen in drei gleich große Teile.	☐	☐
Auf der Winkelhalbierenden liegen alle Punkte, welche von den Schenkeln eines Winkels den gleichen Abstand haben.	☐	☐
Die Winkelhalbierenden eines Dreiecks schneiden einander in einem Punkt. Dieser ist der Mittelpunkt des Inkreises des Dreiecks.	☐	☐

▶ **Auftrag:** Kreuze an.

Trainieren und Festigen

1 Konstruiere die Winkelhalbierende und bringe die Konstruktionsschritte in die richtige Reihenfolge.

a)

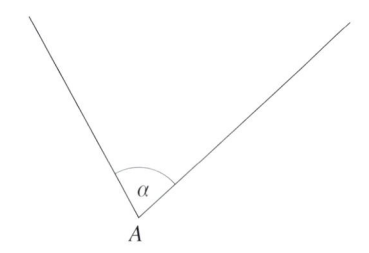

b)

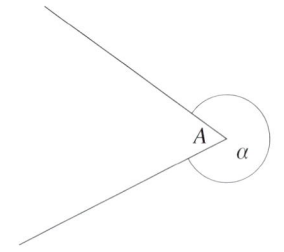

☐ Zeichne um die Punkte B und C Kreise mit gleich großem Radius, der aber größer als $\frac{\overline{BC}}{2}$ ist.

[1.] Zeichne einen Kreis um den Scheitelpunkt A.

☐ Verbinde A mit dem Schnittpunkt S der Kreise um B und C.

☐ Die Schnittpunkte mit den Schenkeln sind die Punkte B und C.

☐ Der Schnittpunkt der beiden Kreise um B und C ist der Punkt S.

☐ Die Verlängerung der Strecke $\overline{AS}$ über S hinaus ist die gesuchte Winkelhalbierende.

2 Zeichne jeweils zu zwei Innenwinkeln des Dreiecks die Winkelhalbierende.
Fälle das Lot vom Schnittpunkt der Winkelhalbierenden auf eine Dreiecksseite.
Zeichne damit den Inkreis des Dreiecks.

a)

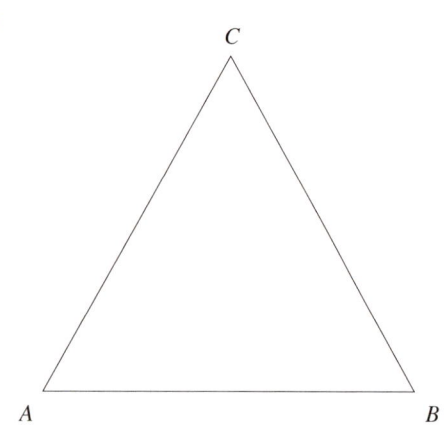

b)

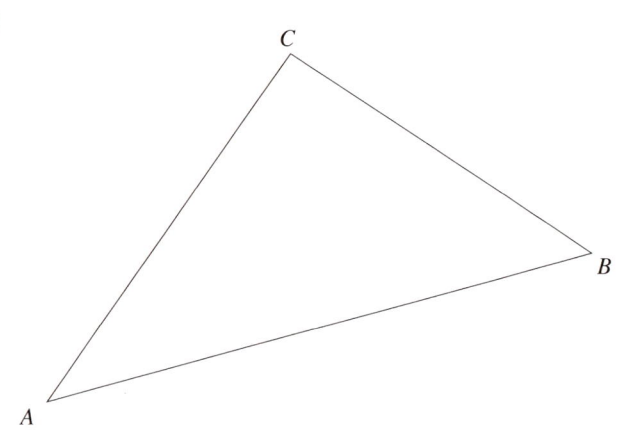

Anwenden und Vernetzen

4 Kann Tom Anna in der Mitte des Spiegels sehen?
Hinweis: Der Einfallswinkel des Lichtes ist genauso groß wie der Ausfallswinkel.
Dies veranschaulicht die rechte Zeichnung.

5 Für ein Dreieck gilt: Die Seite $\overline{AB} = c$ ist 6,2 cm lang.
Der Mittelpunkt des Inkreises liegt auf der Mittelsenkrechten von c und der Radius des Inkreises beträgt 1,7 cm.

a) Zeichne das Dreieck.
Hinweis: Fertige zuvor eine Skizze an.

b) Bringe die Konstruktionsschritte in die richtige Reihenfolge.

☐ Ich verbinde B mit M. Dies ist die Winkelhalbierende von β.

☐ Ich zeichne den Inkreis des Dreiecks mit dem Mittelpunkt M und dem Radius 1,7 cm.

1. Ich zeichne die Strecke $\overline{AB} = c$.

☐ Der Schnittpunkt der beiden neuen Geraden ist der dritte Punkt des Dreiecks.

☐ Ich verbinde A mit M. Dies ist die Winkelhalbierende von α.

☐ Ich trage den Winkel $\sphericalangle ABM$ auf der anderen Seite von $\overline{BM}$ ab.

☐ Ich trage den Winkel $\sphericalangle MAB$ auf der anderen Seite von $\overline{AM}$ ab.

☐ Ich messe auf der Mittelsenkrechten 1,7 cm von c aus ab, dort liegt der Mittelpunkt M des Inkreises.

☐ Ich konstruiere den Mittelpunkt P der Strecke $\overline{AB}$.

☐ Ich zeichne eine Gerade durch P, die senkrecht zu $\overline{AB}$ ist.

Mittelsenkrechte

▶ Grundwissen

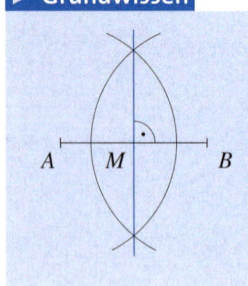

Die Mittelsenkrechte einer Strecke verläuft durch den Mittelpunkt der Strecke und steht senkrecht auf ihr.	☐ wahr ☐ falsch
Auf der Mittelsenkrechten von $\overline{AB}$ liegen alle Punkte, die von A und B den gleichen Abstand haben.	☐ wahr ☐ falsch
In jedem Dreieck schneiden einander die drei Mittelsenkrechten in einem Punkt. Dies ist der Mittelpunkt des Inkreises des Dreiecks.	☐ wahr ☐ falsch

▶ **Auftrag:** Kreuze an.

Trainieren und Festigen

1 Konstruiere jeweils die Mittelsenkrechte und nenne die Konstruktionsschritte.

a)

b)

_____

_____

_____

2 Zeichne jeweils den Umkreis des Dreiecks.

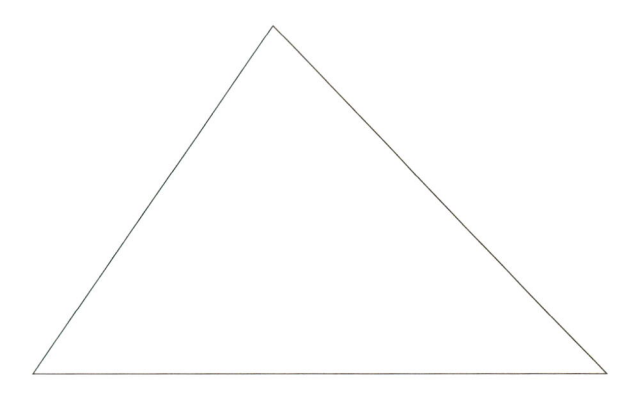

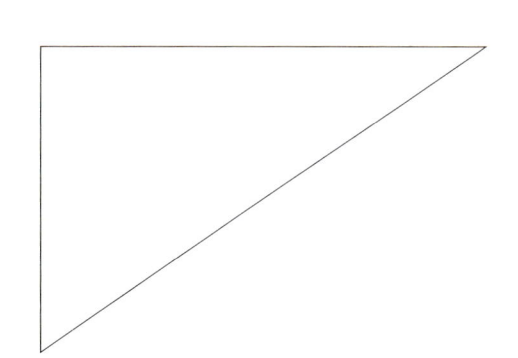

Anwenden und Vernetzen Mittelsenkrechte **27**

Anwenden und Vernetzen

3 Ein Rettungshubschrauber soll so stationiert werden, dass er die drei eingezeichneten Orte gleich schnell erreichen kann. Schlage einen Standort vor und begründe deine Entscheidung.

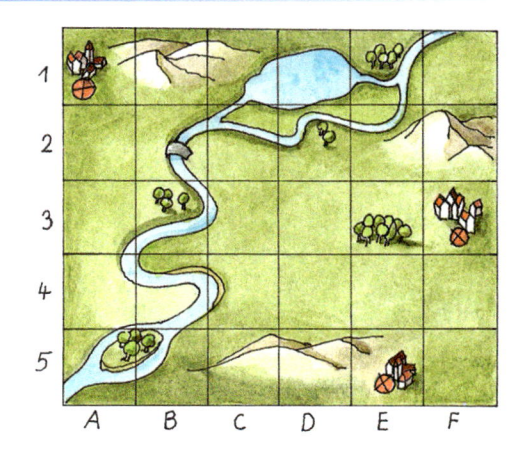

_____

_____

_____

_____

_____

4 Umkreise von Vierecken

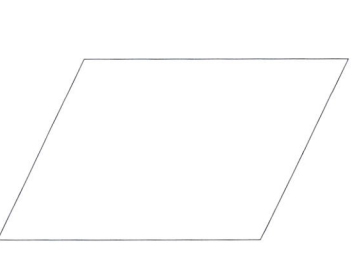

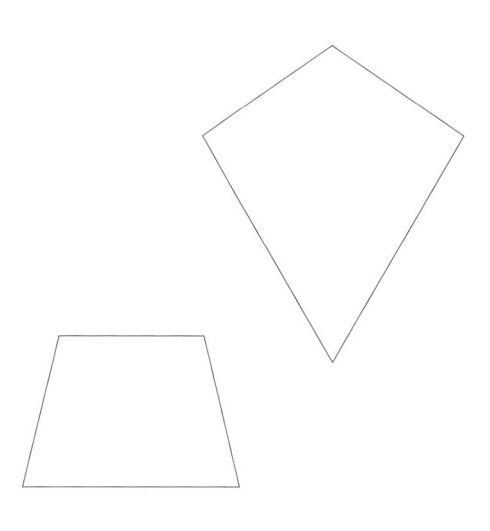

a) Konstruiere, wenn möglich, die Umkreise der obigen Vierecke.

b) Vierecke, die einen Umkreis besitzen, heißen Sehnenvierecke. Welche der Vierecke sind immer Sehnenvierecke? Kreuze diese an.

alle Quadrate ☐   alle Rechtecke ☐   alle Parallelogramme ☐   alle Rauten ☐   alle Trapeze ☐

c) Zeichne mehrere Sehnenvierecke in den Kreis. Miss jeweils alle Innenwinkel. Addiere jeweils die zwei Winkel, die nicht nebeneinander liegen. Was fällt dir auf?

Viereck 1:

$\alpha =$ _____ ; $\beta =$ _____ ; $\gamma =$ _____ ; $\delta =$ _____

$\alpha + \gamma =$ _____ ; $\beta + \delta =$ _____

Viereck 2:

$\alpha =$ _____ ; $\beta =$ _____ ; $\gamma =$ _____ ; $\delta =$ _____

$\alpha + \gamma =$ _____ ; $\beta + \delta =$ _____

_____

_____

_____

Seitenhalbierende

▶ **Grundwissen**

Eine Seitenhalbierende verläuft von einem Eckpunkt des Dreiecks durch

_____ der gegenüberliegenden Seite.

Die _____ Seitenhalbierenden eines Dreiecks schneiden einander in einem Punkt. Dieser Punkt ist der Schwerpunkt des Dreiecks.

▶ **Auftrag:** Vervollständige die Sätze.

Trainieren und Festigen

1   Zeichne alle Seitenhalbierenden in die Dreiecke ein.

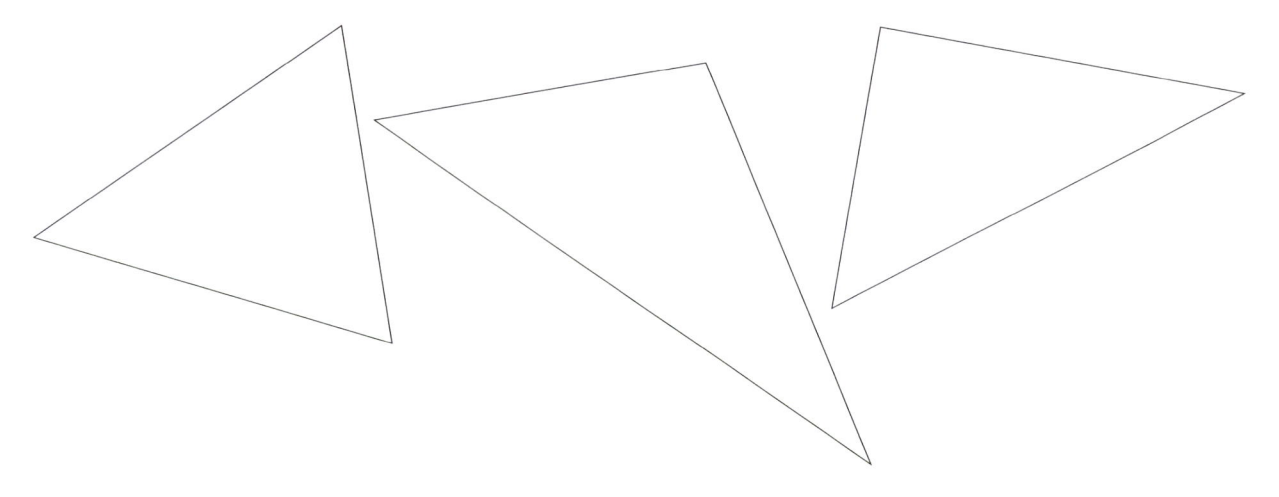

2   Schneide ein Dreieck aus möglichst dickem Papier aus.
    Hinweis: Wähle eine Größe, die es erlaubt, am Ende
    des Experiments dein Dreieck hier aufzukleben.

a) Versuche das Dreieck auf der Spitze eines Bleistiftes zu balancieren.
    Markiere den Punkt, an dem es am besten funktioniert.

b) Überprüfe, ob der von dir markierte Punkt und der Schnittpunkt der Seitenhalbierenden zusammenfallen.

Anwenden und Vernetzen — Seitenhalbierende 29

Anwenden und Vernetzen

3 Hängt das Dreieck vermutlich frei oder ist es an der waagerecht angebrachten Holzleiste festgeklebt. Begründe deine Entscheidungen.
Hinweis: Experimentiere mit verschiedenen Pappdreiecken. Achte auf die Lage der Seitenhalbierenden.

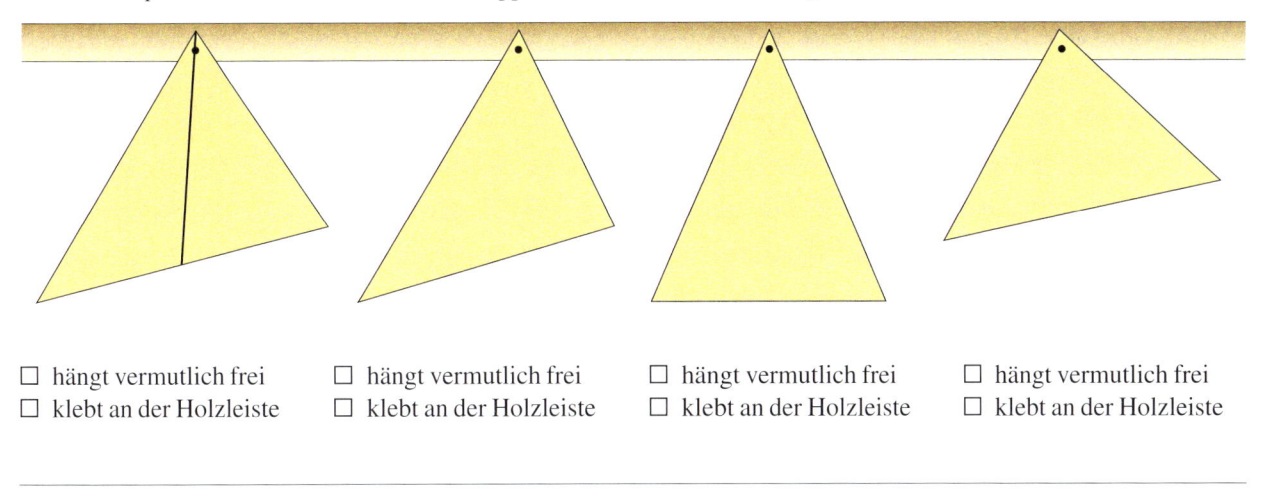

☐ hängt vermutlich frei ☐ hängt vermutlich frei ☐ hängt vermutlich frei ☐ hängt vermutlich frei
☐ klebt an der Holzleiste ☐ klebt an der Holzleiste ☐ klebt an der Holzleiste ☐ klebt an der Holzleiste

4 Wo liegen vermutlich die Schwerpunkte folgender Objekte?
Hinweis: Überlege, wie du deine Vermutung überprüfen bzw. begründen kannst.

a) eines flachen Tellers

b) eines dünnen Buches

c) eines Lineals

d) der abgebildeten Tischplatte

5 Kannst du den Schwerpunkt der folgenden Figuren angeben?

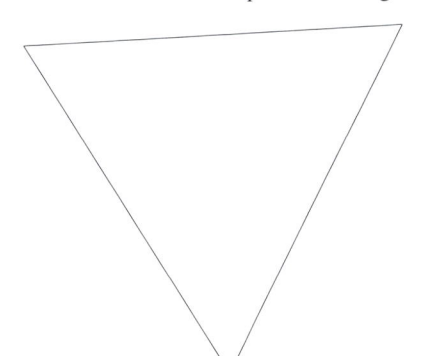

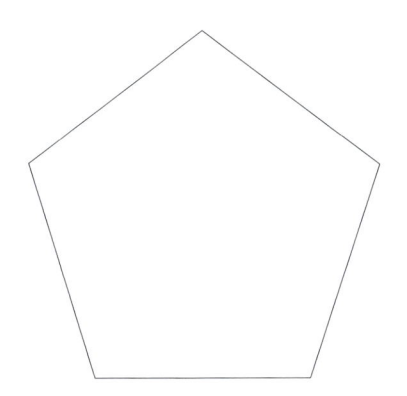

Wichtig: Auf Seite 58 kannst du dein Wissen zum gesamten Kapitel 3: „Geometrische Grundkonstruktionen" testen.

Prozentrechnung

Anteile und Prozente

▶ Grundwissen

Eine andere Bezeichnung für Hundertstel ist Prozent.
Für den Bruch $\frac{p}{100}$ sagt man p Prozent, man schreibt: $p\%$.

Beispiele: ☐ $0,2 = \frac{20}{100} = 20\%$ ☐ $0,5 = \frac{50}{100} = $ _____   ☐ $0,3 = $ _____

| 20% | 50% | |

▶ **Auftrag:** Ergänze die fehlenden Angaben. Färbe Aufgabe und Anteil jeweils mit der gleichen Farbe.

Trainieren und Festigen

1 Ergänze.

Bruch	$\frac{1}{100}$				$\frac{1}{2}$	
Dezimalzahl	0,01	0,1		0,25		0,75
Prozentschreibweise	1%		20%			100%

2 Wandle die Zahlen zuerst in Brüche mit dem Nenner 100 um. Schreibe sie dann in Prozentschreibweise.

a) $0,61 = \frac{61}{100} = 61\%$ b) $0,44 = $ _____   c) $0,2 = $ _____

d) $\frac{3}{50} = $ _____   e) $\frac{3}{10} = $ _____   f) $\frac{8}{200} = $ _____

3 Wandle in Dezimalzahlen um.

a) $12\% = \frac{12}{100} = 0,12$ b) $50\% = $ _____   c) $5\% = $ _____

4 Wandle in Brüche um.

a) $30\% = $ _____   b) $13\% = $ _____   c) $25\% = $ _____

5 Vergleiche.

a) $50\% \; < \; 0,51$ b) $75\% \; \square \; 0,57$ c) $3\% \; \square \; 0,03$ d) $99\% \; \square \; 1$

e) $150\% \; \square \; 1$ f) $0,17\% \; \square \; 1,7$ g) $1\% \; \square \; 0,015$ h) $45\% \; \square \; 0,045$

i) $\frac{1}{2} \; \square \; 20\%$ j) $\frac{2}{20} \; \square \; 10\%$ k) $2 \; \square \; 300\%$ l) $0,99 \; \square \; 9,9\%$

m) $\frac{3}{4} \; \square \; 75\%$ n) $\frac{9}{10} \; \square \; 80\%$ o) $\frac{7}{20} \; \square \; 40\%$ p) $\frac{1}{5} \; \square \; 10\%$

6 Vervollständige die Angaben bzw. die Zeichnungen, sodass alles richtig ist.

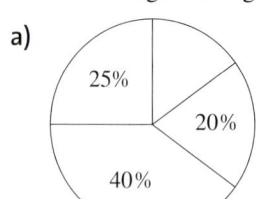

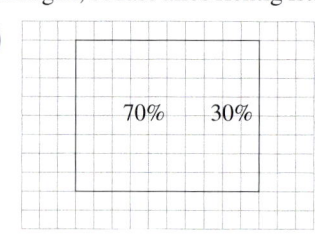

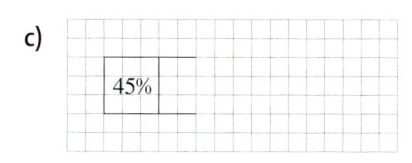

a) (Kreisdiagramm: 25%, 20%, 40%)

b) (Quadrat mit 70%, 30%)

c) (Rechteck mit 45%)

Anwenden und Vernetzen   Anteile und Prozente **31**

7 Wer war beim Korbwurf erfolgreicher?

Team A	Würfe	Treffer	Anteil	Platz
Anna	20	10		
Tim	5	4		
Jim	20	15		
Ina	20	12		
Lea	10	7		

Team B	Würfe	Treffer	Anteil	Platz
Leo	5	2		
Carl	15	9		
Pia	20	13		
Hans	10	7		
Uta	25	20		

a) Ermittle, welchen Platz jeder in seinem Team belegte.

b) Welches Team hat insgesamt besser geworfen?

_____

_____

c) Pia möchte, dass mindestens 80 % von 20 Würfen Treffer werden. Wie viele Treffer sollte sie demzufolge mindestens schaffen?

_____

_____

8 Färbe die Figuren jeweils mit drei verschiedenen Farben, wie du möchtest.
Gib für jede Farbe den Anteil an der Gesamtfläche in Prozent an.

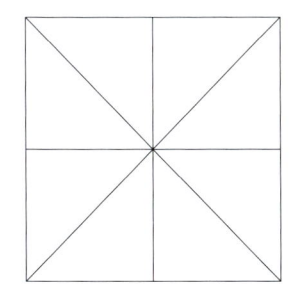

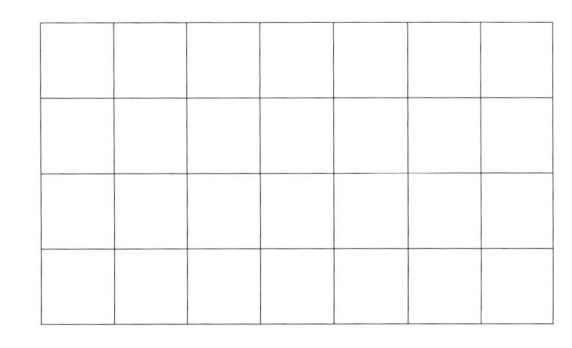

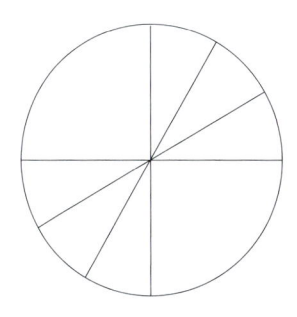

9 Gib den Anteil in Prozent an.

a) 1 ct von 1 € sind _____

b) 1 g von 1 kg sind _____

c) 2 kg von 1 t sind _____

d) 1 s von 1 min sind _____

e) 1 h von 1 Tag sind _____

f) 12 min von 1 Tag sind _____

g) 1 cm² von 1 m² sind _____

h) $\frac{1}{2}$ h von 1 Tag sind _____

i) 50 ml von 1 dm³ sind _____

32 Prozentrechnung — Trainieren und Festigen

Grundaufgaben der Prozentrechnung

▶ **Grundwissen**

In der Prozentrechnung unterscheidet man zwischen Prozentsatz $p\%$, Prozentwert P und Grundwert G.
Wenn zwei der Angaben bekannt sind, kann die dritte berechnet werden.
Die entsprechende Formel ist jeweils eine Zusammenfassung der Rechenschritte.

Beispiele:

Berechnen des Prozentsatzes $p\%$	**Berechnen des Prozentwertes P**	**Berechnen des Grundwertes G**
(Anteil eines Ganzen $p\% = \frac{P}{G}$)	(Größe eines Anteils $P = p\% \cdot G$)	(Größe eines Ganzen $G = \frac{P}{p\%}$)
Wie viel Prozent sind 20 € von 25 €?	Ermittle 15 % von 50 €.	50 € wurden angezahlt. Das sind 20 %. Gib den Gesamtpreis an.
: 25 ↘ 25,00 € → 100 % ↘ : 25 ↓ 1,00 € → _____ · 20 ↘ 20,00 € → _____ ↘ · 20	: 100 ↘ 100 % → 50,00 € ↘ : 100 ↓ 1 % → _____ · 15 ↘ 15 % → _____ ↘ · 15	: 20 ↘ 20 % → 50,00 € ↘ : 20 ↓ 1 % → _____ · 100 ↘ 100 % → _____ ↘ · 100
20 € von 25 € sind _____	15 % von 50 € sind _____	Der Gesamtpreis beträgt _____

▶ **Auftrag:** Ergänze die Rechnungen und die Antwortsätze.

Trainieren und Festigen

1 Berechne die Prozentsätze und Prozentwerte im Kopf.

a) 3 cm von 30 cm sind _____   b) 5 kg von 20 kg sind _____   c) 9 € von 100 € sind _____

d) 1 % von 300 € sind _____   e) 50 % von 1000 kg sind _____   f) 10 % von 200 ml sind _____

2 Berechne den Grundwert.

a) 10 % entsprechen 7 kg, somit sind 100 % genau _____

b) 50 % entsprechen 50 ml, somit sind 100 % genau _____

c) 25 % entsprechen 10 €, somit sind 100 % genau _____

3 Ergänze.

Grundwert	800	320		200	280	720	
Prozentsatz	10 %		50 %		10 %		5 %
Prozentwert		160	60	40		7,2	50

Anwenden und Vernetzen

5 Lisa und Tom wollen ein Fernsehgerät kaufen. Der Verkäufer gibt ihnen 4% Rabatt, das sind 20 €.
Wie teuer war der Fernseher ursprünglich?

Der Mann mit dem Hut möchte das Radio kaufen.
Spart er wirklich 20 € bei 4% Rabatt?

6 Jason und Magnus haben das gleiche Handy gekauft.
Jason prahlt: „Mein Händler reduzierte für uns den Handypreis um 30%. Erst sollte ein Handy 150 € kosten."
Magnus sagt: „Mein Angebot ist günstiger. Es wurde um 40% reduziert. Das Handy kostete vorher 180 €."
Hat Magnus wirklich weniger gezahlt?

7 Der Benzinpreis ist in Deutschland in den letzten Jahrzehnten stark gestiegen.
1950 kostete ein Liter Normalbenzin 0,60 DM. (Hinweis: 1 € ≈ 2 DM)
Im Sommer 2006 kostete ein Liter Normalbenzin etwa 1,30 €.

a) Überschlage: Ist der Preis um mehr oder weniger als 300% gestiegen?   ☐ weniger   ☐ mehr

b) Um wie viel Prozent ist der Benzinpreis im angegebenen Zeitraum etwa gestiegen?

Sachaufgaben zur Prozentrechnung

▶ **Grundwissen**

Schrittfolge beim Lösen von Sachaufgaben zur Prozentrechnung.
1. Lies den Aufgabentext gründlich.
2. Überlege, was der Grundwert ist, was der Prozentwert bzw. was der Prozentsatz ist.
3. Entscheide dich für einen Lösungsweg und berechne dementsprechend das Ergebnis.
4. Überprüfe, ob dein Ergebnis stimmen kann. Passt es zum Überschlag und zum Aufgabentext?
5. Formuliere einen sinnvollen Antwortsatz.

▶ **Auftrag:** Unterstreiche je Schritt höchstens drei Schlüsselwörter. Begründe deine Wahl.

Trainieren und Festigen

1 Unterstreiche jeweils den Grundwert, den Prozentwert und den Prozentsatz. Lege zuvor Farben fest.

☐ Grundwert ☐ Prozentwert ☐ Prozentsatz

a) Eine Gurke ist 500 g schwer und besteht zu ca. 90 % aus Wasser.
   Wie viel Wasser ist das?

b) Gestern waren 8 % der 25 Schülerinnen und Schüler einer siebten Klasse krank.
   Wie viele Schülerinnen und Schüler waren gestern krank?

c) Von den 1 200 Schülerinnen und Schülern einer Schule gehen 200 in die 7. Klasse an.
   Wie viel Prozent sind das?

d) Der Preis eines 60 € teuren Trikots wird um 25 Prozent reduziert.
   Wie viel kostet das Trikot nach der Reduzierung?

e) Zwölf Schülerinnen und Schüler planen eine Abschlussfeier. Das sind fünf Prozent aller Teilnehmer.
   Wie viele Personen nehmen an dieser Feier teil?

2 Berechne die Ergebnisse bei Aufgabe 1.

Anwenden und Vernetzen — Sachaufgaben zur Prozentrechnung 35

Anwenden und Vernetzen

3 Was halten Jugendliche von neuen Handys?
Viele Jugendliche zwischen 14 und 24 Jahren sind davon überzeugt, dass sie auf ein eigenes Handy nicht verzichten können.
Bei einer Umfrage unter 1 000 Jugendlichen stellte sich heraus, dass für 7 von 10 die tägliche Nutzung selbstverständlich ist. 256 waren der Meinung: Wer kein Handy hat, ist isoliert, weil man nicht immer erreichbar ist und spontane Verabredungen somit oft nicht möglich sind. Etwa jeder Dritte besaß in den letzten zwei Jahren unterschiedliche Handys. Obwohl mehr als 75 % mehr Vor- als Nachteile in der Handynutzung sehen, befürchten ca. $\frac{2}{3}$ aller Befragten gesundheitliche Schäden beispielsweise durch falsche bzw. lange Nutzung.

a) Für wie viel Prozent der Befragten ist die tägliche Nutzung des Handys selbstverständlich?

b) Für wie viele Jugendliche ist die tägliche Handynutzung selbstverständlich?

c) Wie viele der Befragten besaßen in den letzten zwei Jahren unterschiedliche Handys?

d) Wie viele sehen mehr Vorteile als Nachteile in der Handynutzung?

e) Wie viel Prozent der Befragten befürchten gesundheitliche Schäden aufgrund der Handynutzung?

f) Wie viele Jugendliche befürchten Gesundheitsschäden?

g) Notiert Fragen, die bei dieser Studie gestellt worden sein können, auf einem zusätzlichen Blatt und führt eine entsprechende Umfrage z. B. in der Klasse durch.
Veranschauliche die Ergebnisse in einem Diagramm.

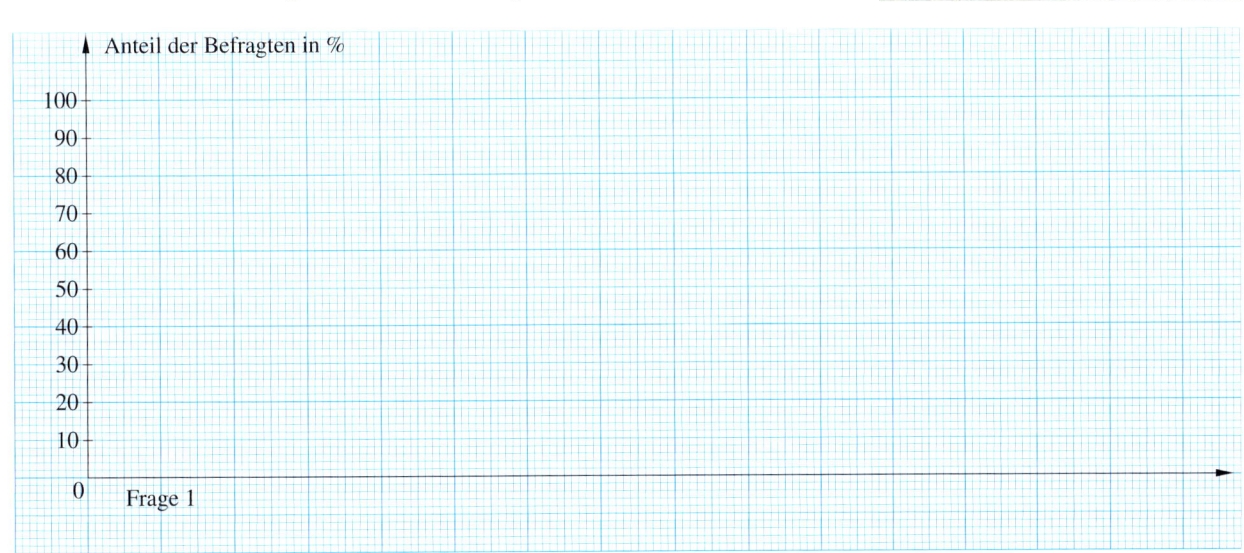

36 Prozentrechnung — Trainieren und Festigen

Vermehrter und verminderter Grundwert

▶ **Grundwissen**

Wird ein Grundwert um einen bestimmten Prozentsatz erhöht bzw. gesenkt, so spricht man auch vom vermehrten bzw. verminderten Grundwert.

Beispiele:

vermehrter Grundwert	verminderter Grundwert
(Steigerung um … % bzw. Steigerung auf … %)	(Senkung um … % bzw. Senkung auf … %)
Während der Werbeaktion kostet ein Brot 1,60 €, danach werden alle Preise um 25 % erhöht.	Eine Hose kostete 80,00 €, zum Saisonende wird ihr Preis um 25 % reduziert.
$100\% + 25\% = 125\%$ $100\% \to 1{,}60\,€$:100 ↙ ↘ :100 $1\% \to \_\_\_\_$ ·125 ↙ ↘ ·125 $125\% \to \_\_\_\_$	$100\% - 25\% = 75\%$ $100\% \to 80{,}00\,€$:100 ↙ ↘ :100 $1\% \to \_\_\_\_$ ·75 ↙ ↘ ·75 $75\% \to \_\_\_\_$
Nach der Werbeaktion kostet es _____	Sie kostet zum Saisonende _____

▶ **Auftrag:** Ergänze die Rechnungen und die Antwortsätze.

Trainieren und Festigen

1 Berechne die fehlenden Werte. Nutze, wenn nötig, ein zusätzliches Blatt.

alter Preis	120,00 €	70,00 €		5,50 €	600,00 €	450,00 €
Verminderung	–					
Vermehrung	3 %			100 %		
neuer Preis	123,60 €	35,00 €	18,00 €			
Wachstumsfaktor	103 %		75 %		110 %	90 %

2 Die Länge des schwarzen Rahmens stellt den Grundwert dar. Vervollständige die Angaben bzw. die Abbildungen.

a) Die Länge verringerte sich auf _____

b) Die Länge erhöhte sich auf 110 %.

c) Die Länge nahm um 25 % ab.

d) Die Länge nahm um _____ zu.

3 Entscheide, ob ein Anstieg auf 110 % oder ein Anstieg um 110 % dargestellt wurde.

40 mm

Anstieg _____ 110 %.

40 mm

Anstieg _____ 110 %.

Anwenden und Vernetzen | Vermehrter und verminderter Grundwert | **37**

Anwenden und Vernetzen

4 Formuliere zur dargestellten Situation zwei Aufgaben und löse diese.
Hinweis: Kontrolliert die Ergebnisse gegenseitig.

5 Löse die folgenden Aufgaben.

a) Die Miete stieg von 500,00 € auf 550,00 €. Um wie viel Euro bzw. Prozent wurde die Miete heraufgesetzt?

b) Eine Kurzreise kostete 200,00 €. Gestern wurde der Preis um 25 % gesenkt. Wie viel kostet sie jetzt?

c) Der Preis für eine Maschine betrug 4 000,00 €. Er wurde nun um 500,00 € gesenkt.
Auf wie viel Prozent ist der Preis gesunken?

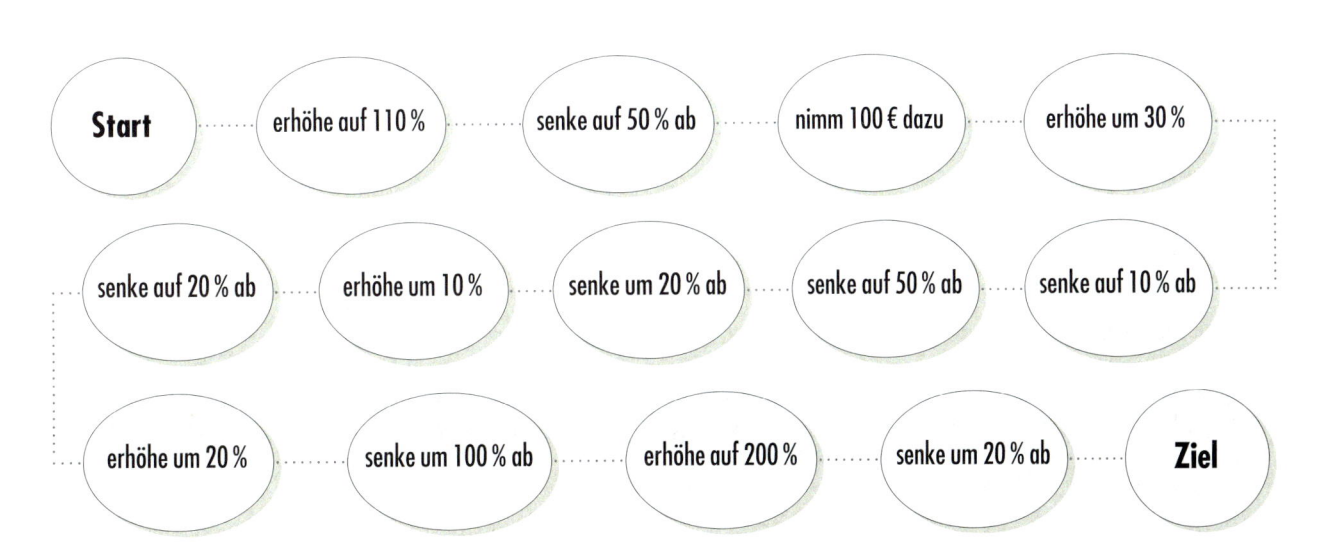

6 Spielt zu dritt mit einem Würfel und je einer Spielfigur. Das Startguthaben beträgt 1000,00 €.
Sieger ist, wer mit dem größten Betrag durch das Ziel geht.

Start → erhöhe auf 110 % → senke auf 50 % ab → nimm 100 € dazu → erhöhe um 30 %

senke auf 20 % ab → erhöhe um 10 % → senke um 20 % ab → senke auf 50 % ab → senke auf 10 % ab

erhöhe um 20 % → senke um 100 % ab → erhöhe auf 200 % → senke um 20 % ab → **Ziel**

Wichtig: Auf Seite 59 kannst du dein Wissen zum gesamten Kapitel 4: „Prozentrechnung" testen.

Konstruktion von Dreiecken

Kongruente Figuren

▶ **Grundwissen**

Figuren, die durch _____
zur Deckung gebracht werden können, sind zueinander kongruent
(deckungsgleich).

▶ **Auftrag:** Vervollständige den Satz.

Trainieren und Festigen

1 Welche der Drachen sind zueinander kongruent?

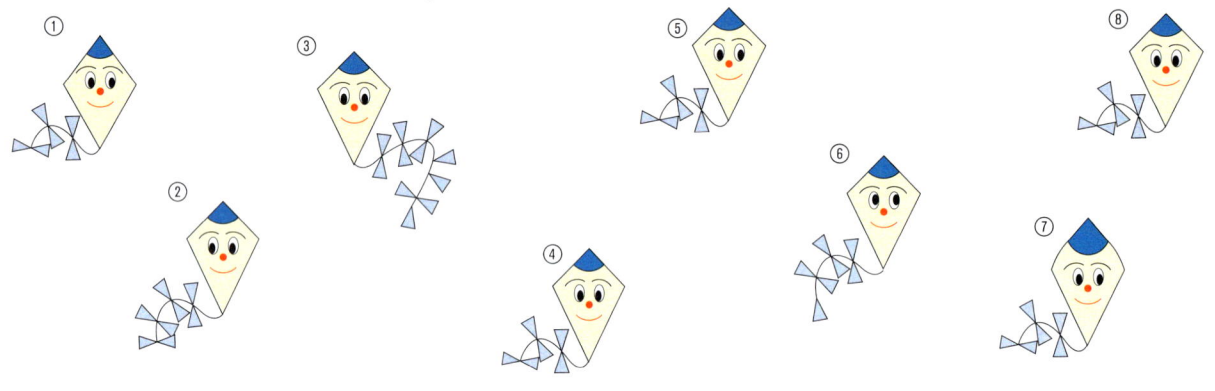

2 Kongruente Vierecke

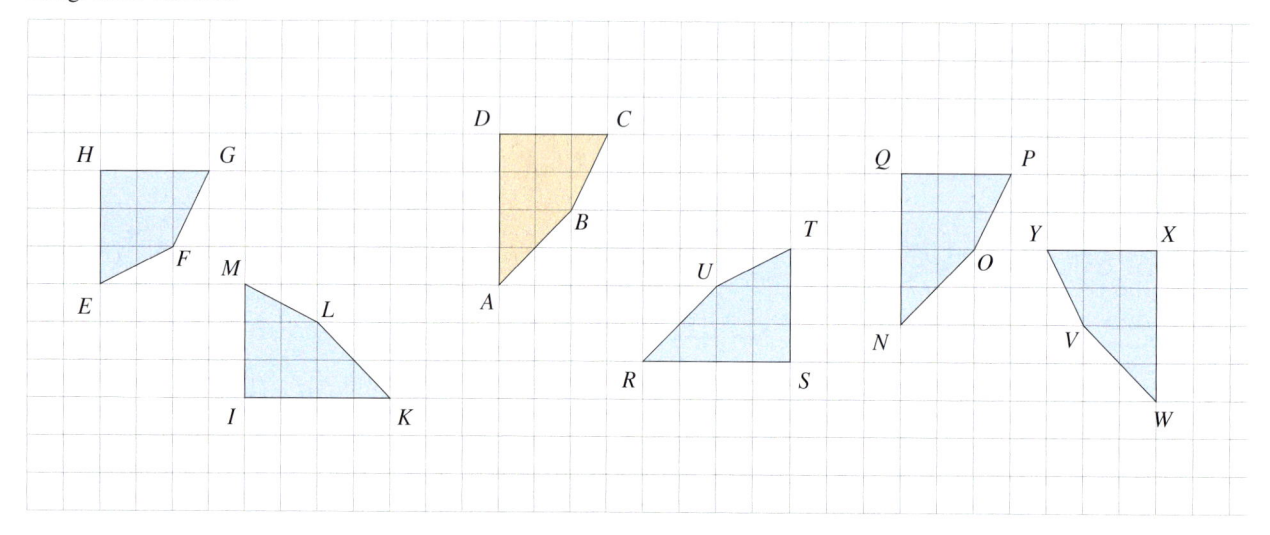

a) Finde die kongruenten Vierecke zum Viereck *ABCD* und ergänze die Tabelle.

kongruente Vierecke zu Viereck *ABCD*				
Punkt *A* entspricht Punkt …				
Seite $\overline{BC}$ entspricht …				

b) Zeichne zwei weitere Vierecke, die zu Viereck *ABCD* kongruent sind.

Anwenden und Vernetzen　　　　　　　　　　　　　　　　　　　　Kongruente Figuren **39**

Anwenden und Vernetzen

3 Es sind die Einzelteile von Türschlössern zu sehen.
Jeweils zwei sind gleich.
Welche sind es?

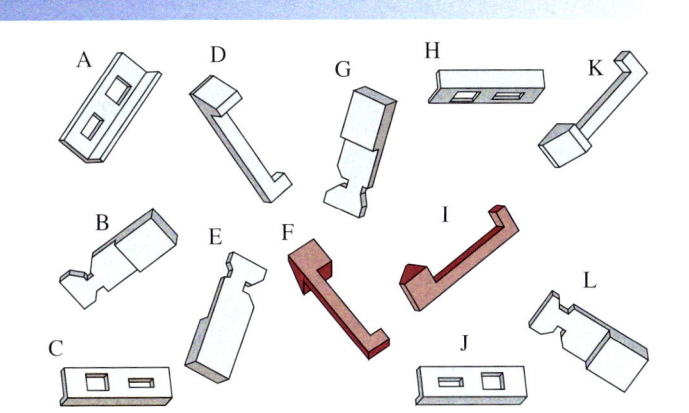

_____

_____

_____

4 Aus welchen Netzen könnte der Würfel gefaltet werden?

5 Zerlegen in kongruente Teilfiguren

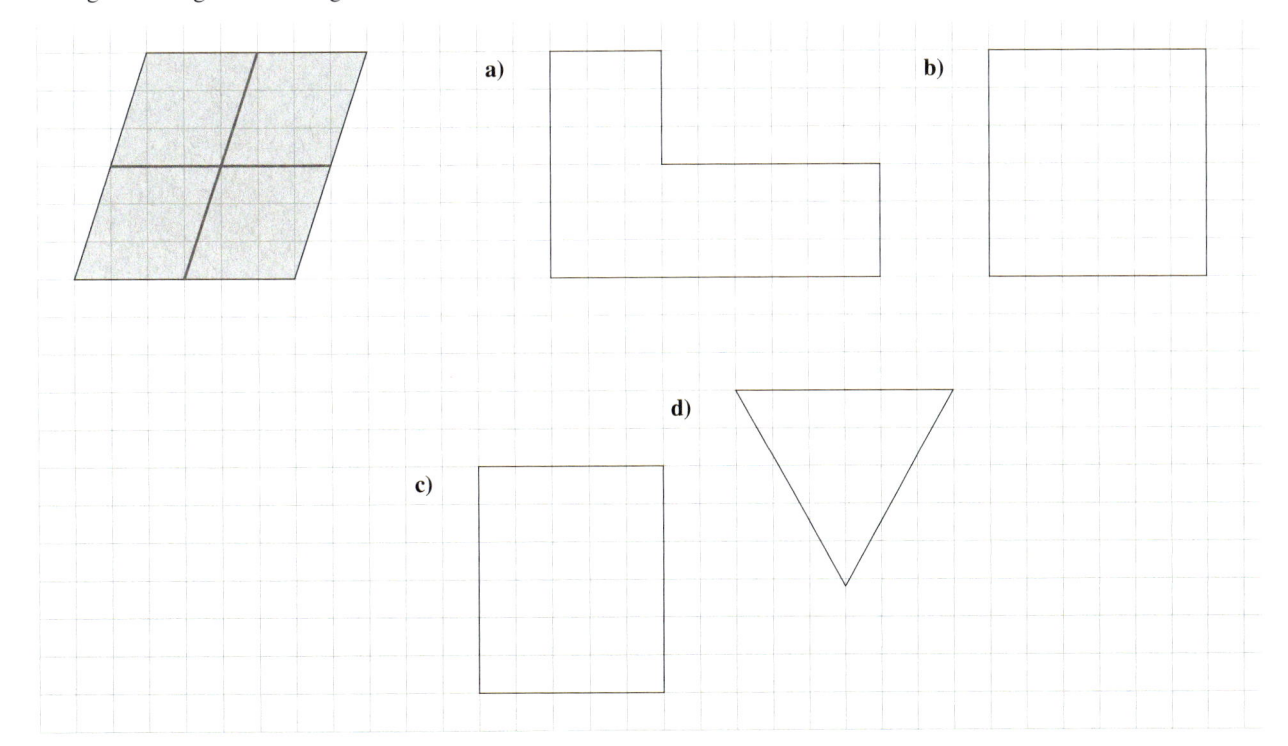

a) Zerlege die Figuren wie im Beispiel so in vier Teile, dass folgende Bedingungen erfüllt sind.
  – Die Teile sind kongruent zueinander.
  – Die Teile sind maßstäbliche Verkleinerungen der Ausgangsfigur.

b) Gib an, wie groß die Umfänge der Ausgangsfiguren sind.

40 Konstruktion von Dreiecken — Trainieren und Festigen

Kongruenz zweier Dreiecke

▶ **Grundwissen**

Die Form und die Größe eines Dreiecks sind durch seine drei Seitenlängen und drei Winkelgrößen bestimmt.

Dreiecke, die in drei Winkelgrößen und drei Seitenlängen übereinstimmen sind _____

Oft reichen dafür weniger Angaben.

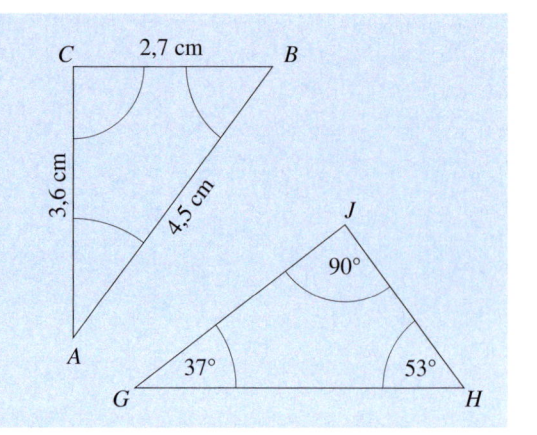

▶ **Auftrag:** Ergänze den Satz. Gib die Seitenlängen und die Winkelgrößen der Dreiecke an.

Trainieren und Festigen

1 Miss die Seitenlängen und Winkelgrößen. Färbe dann zueinander kongruente Dreiecke mit der gleichen Farbe ein.

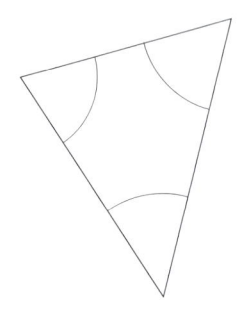

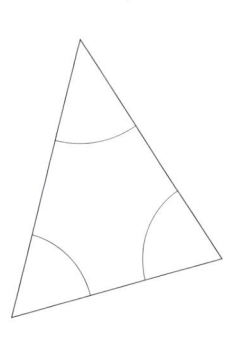

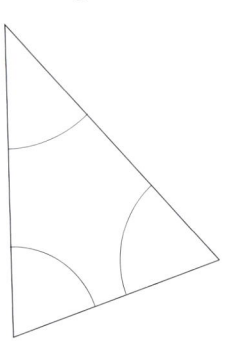

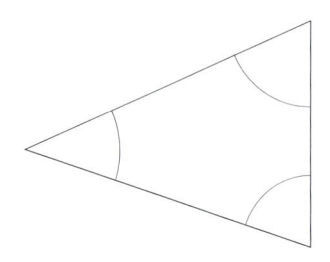

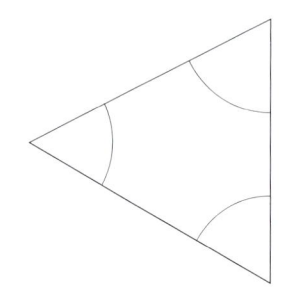

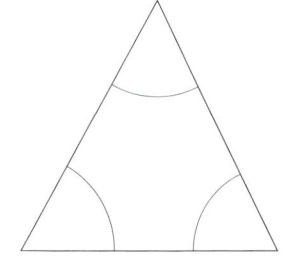

2 Ergänze zu zueinander kongruenten Dreiecken.

a)

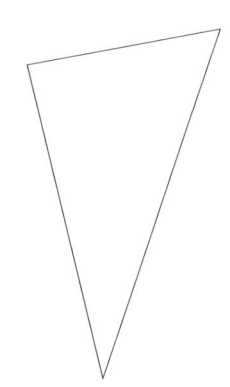

b)

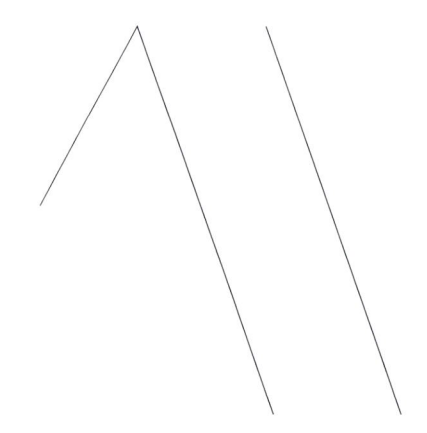

Anwenden und Vernetzen

3 Konstruiere, wenn möglich, zwei Dreiecke aus den gegebenen Seitenlängen bzw. Winkelgrößen.
Kreuze an, wie viele unterschiedliche Dreiecke jeweils konstruiert werden können.

a) Dreieck 1: 3 cm, 4 cm und 5 cm ☐ kein Dreieck ☐ nur ein Dreieck ☐ mehrere Dreiecke
b) Dreieck 2: 2 cm, 3 cm und 6 cm ☐ kein Dreieck ☐ nur ein Dreieck ☐ mehrere Dreiecke
c) Dreieck 3: 30°, 80° und 70° ☐ kein Dreieck ☐ nur ein Dreieck ☐ mehrere Dreiecke
d) Dreieck 4: 45°, 60° und 4 cm ☐ kein Dreieck ☐ nur ein Dreieck ☐ mehrere Dreiecke
e) Dreieck 5: 73°, 86° und 41° ☐ kein Dreieck ☐ nur ein Dreieck ☐ mehrere Dreiecke

4 Stell dir vor, auf einem Tisch liegt jeweils ein 1 cm, ein 3 cm, ein 5 cm und ein 7 cm langes Stäbchen. Daraus sollen Dreiecke gelegt werden.

a) Schreibe die Seitenlängen aller Dreiecke, die gelegt werden können, auf.
Hinweis: Lege die Dreiecke z. B. mit Papierstreifen oder Holzstäbchen.

_____

_____

b) Es gibt Stäbchen, aus denen niemand ein Dreieck legen kann.
Schreibe drei Beispiele auf und erkläre, warum es nicht geht.

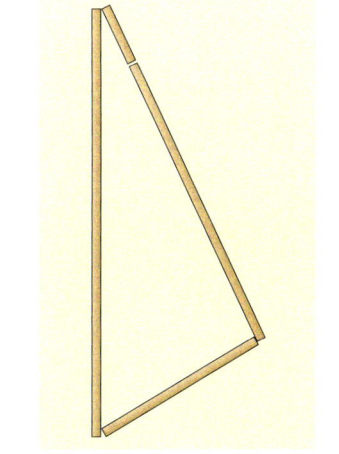

_____

42 Konstruktion von Dreiecken — Trainieren und Festigen

Kongruenzsätze für Dreiecke

▶ **Grundwissen**

Kongruenzsatz _____:
Stimmen zwei Dreiecke in den Längen der drei Seiten überein, so sind sie zueinander kongruent.

Kongruenzsatz _____:
Stimmen zwei Dreiecke in den Längen zweier Seiten und der Größe des von diesen eingeschlossenen Winkels überein, so sind sie zueinander kongruent.

Kongruenzsatz _____:
Stimmen zwei Dreiecke in der Länge einer Seite und den Größen der beiden anliegenden Winkel überein, so sind sie zueinander kongruent.

Kongruenzsatz _____:
Wenn zwei Dreiecke in den Längen zweier Seiten und der Größe des Gegenwinkels der größeren Seite übereinstimmen, so sind sie zueinander kongruent.

Auf der Grundlage der Kongruenzsätze lassen sich Dreiecke eindeutig konstruieren.

▶ **Auftrag:** Ergänze die Kurzbezeichnungen der Kongruenzsätze.

Trainieren und Festigen

1 Zeichne jeweils das Dreieck ABC.
Welcher Kongruenzsatz gehört zu den gegebenen Dreiecksangaben?
Erstelle eine Konstruktionsbeschreibung zu einer Teilaufgabe.

a) $a = 5{,}2\,\text{cm}$; $b = 3{,}1\,\text{cm}$; $c = 5{,}2\,\text{cm}$ _____

b) $b = 3{,}7\,\text{cm}$; $c = 5{,}1\,\text{cm}$; $\alpha = 26°$ _____

Anwenden und Vernetzen   Kongruenzsätze für Dreiecke **43**

Anwenden und Vernetzen

2 Zueinander kongruente Dreiecke und Dreiecksarten

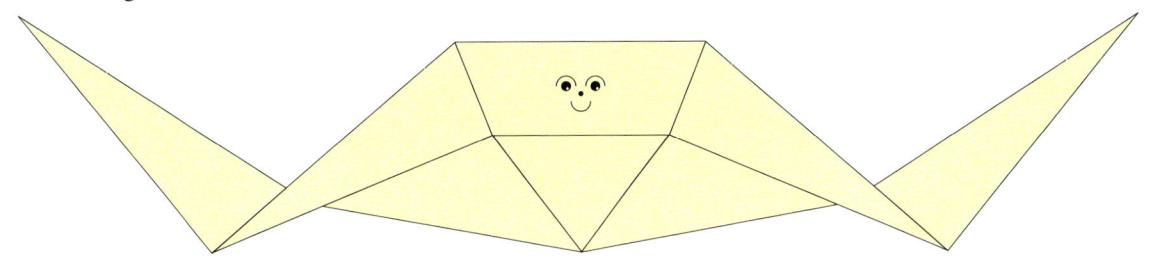

a) Welche Dreiecke sind zueinander kongruent?

_____

b) Ordne die Dreiecke den genannten Dreiecksarten zu und gib die Größen der Innenwinkel an.

rechtwinklige Dreiecke: _____

stumpfwinklige Dreiecke: _____

spitzwinklige Dreiecke: _____

3 Vervollständige, wenn möglich, die angefangenen Dreieckskonstruktionen. Was fällt dir auf?

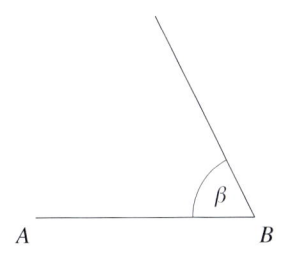

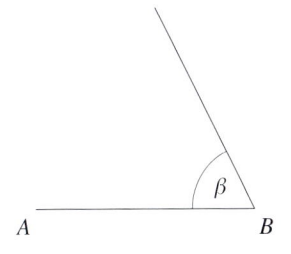

$c = 3{,}0$ cm; $a = 2{,}0$ cm;
$\beta = 63°$

$c = 3{,}0$ cm; $b = 2{,}0$ cm;
$\beta = 63°$

_____

_____

_____

4 Entscheide ohne zu messen, welche der Dreiecke zueinander kongruent sind. Begründe deine Aussagen.

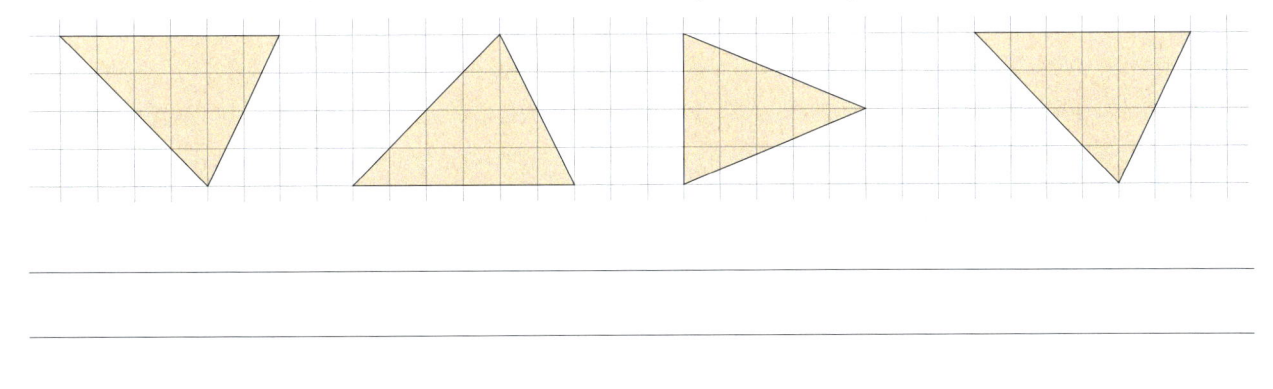

_____

_____

_____

Wichtig: Auf Seite 60 kannst du dein Wissen zum gesamten Kapitel 5: „Konstruktion von Dreiecken" testen.

Beschreibende Statistik

Besondere Werte einer Datenmenge

▶ **Grundwissen**

Die Spannweite ist die Summe vom größten und kleinsten Wert in einer Datenliste.	☐ wahr	☐ falsch
Die Spannweite ist die Differenz vom größten und kleinsten Wert in einer Datenliste.	☐ wahr	☐ falsch
Der Zentralwert wird auch Median genannt.	☐ wahr	☐ falsch
Der Zentralwert ist immer genauso groß wie der Modalwert.	☐ wahr	☐ falsch
Der Modalwert ist der Wert, der am häufigsten vorkommt.	☐ wahr	☐ falsch
Der Zentralwert steht in der Mitte einer geordneten Datenmenge. Gibt es eine gerade Anzahl von Daten, ist der Zentralwert das arithmetische Mittel der beiden mittleren Daten.	☐ wahr	☐ falsch

▶ **Auftrag:** Kreuze an.

Trainieren und Festigen

1 Ermittle den Zentralwert, das arithmetische Mittel und die Spannweite aller natürlichen Zahlen von 0 bis 6.

Datenliste: _____   Zentralwert: _____

arithmetisches Mittel: _____   Spannweite: _____

2 Ermittle den Zentralwert, das arithmetische Mittel und die Spannweite aller ganzen Zahlen von −5 bis 0.

Datenliste: _____   Zentralwert: _____

arithmetisches Mittel: _____   Spannweite: _____

3 Sabine erhielt beim Würfeln folgende Augenzahlen.   3; 5; 6; 3; 1;   1; 2; 5; 5; 1;   6; 6; 4; 4; 3;   2; 5; 6; 1; 4

a) Erstelle eine Häufigkeitstabelle zur Anzahl der geworfenen Augenzahlen.

Augenzahl	1	2	3	4	5	6
absolute Häufigkeit	4					
relative Häufigkeit	$\frac{4}{20} = 0{,}2$					

b) Wie viele der Wurfergebnisse sind größer als der Zentralwert?

_____

c) Wie viele der Wurfergebnisse sind kleiner als das arithmetische Mittel?

_____

d) Würfle 20-mal. Gib die Wurfergebnisse und deren Kenngrößen an.

Wurfergebnisse: _____

arithmetisches Mittel: _____

Spannweite: _____

Modalwert: _____

Zentralwert: _____

Anwenden und Vernetzen — Besondere Werte einer Datenmenge | 45

Anwenden und Vernetzen

4 In einer Klassenarbeit haben die Jungen folgende Punktzahlen erreicht.
20; 15; 17; 23; 13; 10; 12; 13; 18; 6; 16

a) Schreibe die Punkteverteilung in einem Stängel-Blatt-Diagramm auf.

0	
1	
2	0;

b) Bestimme den Punktedurchschnitt, die Spannweite, die Modalwerte und den Zentralwert.

Punktedurchschnitt: _____   Spannweite: _____   Modalwert: _____   Zentralwert: _____

c) Zur Klassenarbeit gehört folgender Notenspiegel.
Trage ein, bei wie vielen Punkten es vermutlich welche Note gab.
Stelle die Notenverteilung in einem Diagramm dar.

Note	Anzahl
1	1
2	2
3	3
4	3
5	1
6	1

Note	Punkte
1	23 – 22
2	
3	
4	
5	
6	

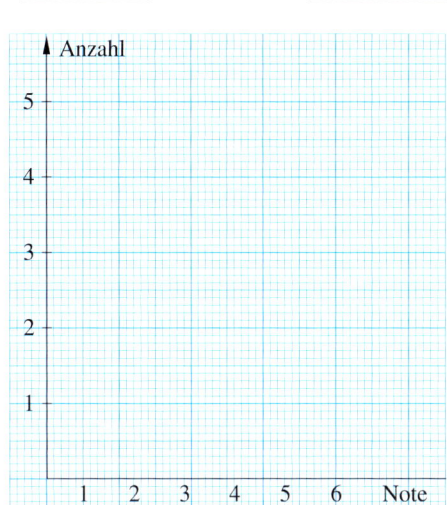

d) Bestimme folgende Kenngrößen der Notenverteilung.

Notendurchschnitt: _____   Spannweite: _____   Modalwerte: _____   Zentralwert: _____

e) Wie viel Prozent der Jungen hatten eine schlechtere Note als 4?

_____

5 Besseres Wetter?
Vergleiche das Klima in Düsseldorf (oben) und auf Mallorca (unten).

	Düsseldorf		Mallorca
arithmetischer Mittelwert der Temperaturen	10,3 °C	<	15,8 °C
arithmetischer Mittelwert der Niederschlagsmengen			
Spannweite der Temperaturen			
Spannweite der Niederschlagsmengen			
Zentralwert der Temperaturen			
Zentralwert der Niederschlagsmengen			

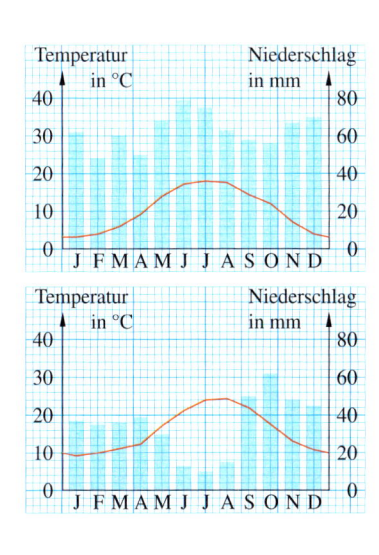

46 Beschreibende Statistik — Trainieren und Festigen

Vergleichen von Datenmengen

▶ **Grundwissen**

Boxplots sind Diagramme, in denen 5 besondere Werte einer Datenmenge dargestellt werden.
Sie werden auch „5-Kennwert-Zusammenfassung" genannt.

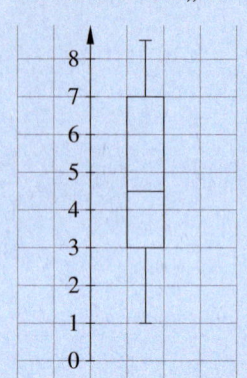

- Maximum
- Minimum
- Zentralwert
- Dreiviertelwert (oberes Quartil)
- Viertelwert (unteres Quartil)

▶ **Auftrag:** Verbinde die Begriffe mit den richtigen Stellen am Boxplot.

Trainieren und Festigen

1 Lies die Werte bei **a** ab. Zeichne oben bei **b** und **c** jeweils ein Boxplot.

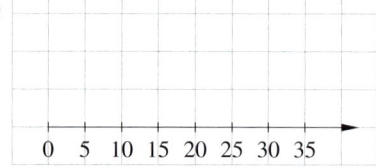

a)

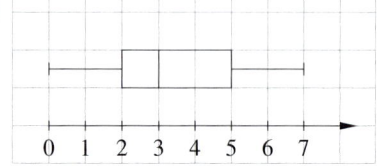

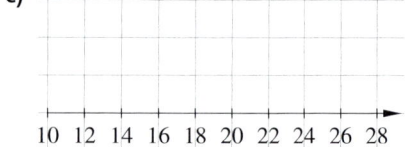

Minimum: _____
Viertelwert: _____
Zentralwert: _____
Dreiviertelwert: _____
Maximum: _____

b)

Minimum: 0
Viertelwert: 5
Zentralwert: 10
Dreiviertelwert: 15
Maximum: 30

c)

Minimum: 12
Viertelwert: 16
Zentralwert: 22
Dreiviertelwert: 24
Maximum: 26

2 Ein Basketballverein hat die letzten 10 Spiele mit folgenden Korbunterschieden gewonnen bzw. verloren.
–3; 5; –12; 15; 17; –8; 11; –4; –1; 3
Ergänze die gesuchten Werte und zeichne ein Boxplot.

Maximum: _____ Minimum: _____

Spannweite: _____ Zentralwert: _____

Viertelwert: _____ Dreiviertelwert: _____

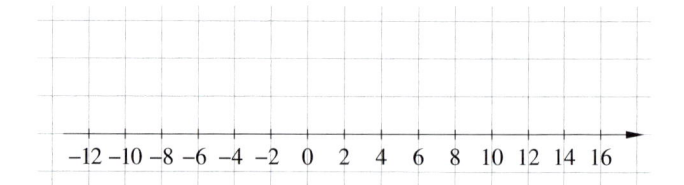

3 An einer Wetterstation wurde im Winter alle zwei Stunden die aktuelle Temperatur gemessen.
Temperatur in °C: 1,4; –2,3; –3,2; –2,4; –0,8; –0,2; 0,6; 2,4; 1,6; 0,7; 0,3; –0,4; –0,5
Stelle die Daten mithilfe eines Boxplots dar.

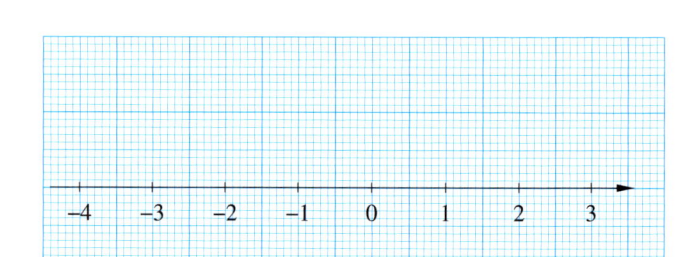

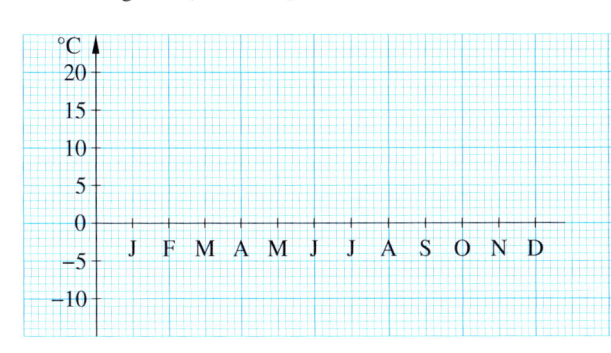

Anwenden und Vernetzen

4 Durchschnittliche Monatstemperaturen von Novogorod (Russland) und von Rio Gallegos (Argentinien)

Ort: Novogorod (Russland)

Monat	Jan.	Febr.	März	April	Mai	Juni	Juli	Aug.	Sept.	Okt.	Nov.	Dez.
°C	−9	−8	−3	4	12	16	17	16	10	5	−1	−6

Ort: Rio Gallegos (Argentinien)

Monat	Jan.	Febr.	März	April	Mai	Juni	Juli	Aug.	Sept.	Okt.	Nov.	Dez.
°C												

Ort: Novogorod (Russland)   Ort: Rio Gallegos (Argentinien)

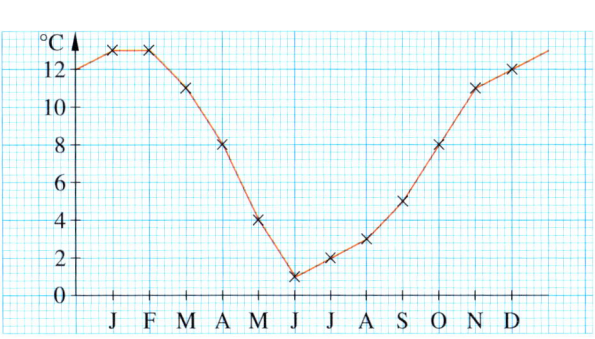

Boxplot 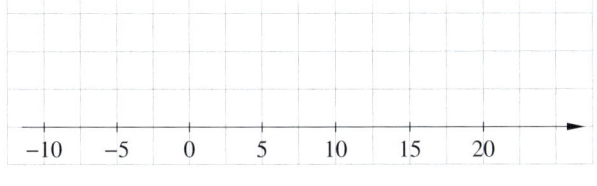   Boxplot

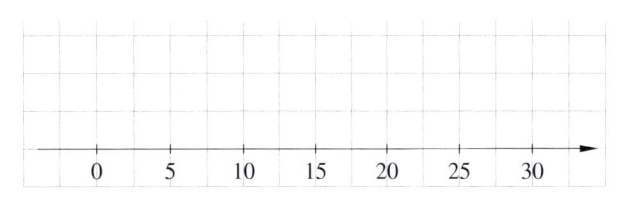

a) Ergänze die Gegenüberstellungen.

b) Gräser wachsen in der Regel bei Durchschnittstemperaturen unter 5 °C nicht weiter.
Gib jeweils den Anteil eines Jahres, in dem Gräser wachsen, in Prozent an.
Nenne eine mögliche praktische Bedeutung dieser Angabe.

c) Wann ist in beiden Orten Winter? Warum ist das so verschieden?
Hinweis: Suche beide Orte im Atlas oder auf einem Globus.

Wichtig: Auf Seite 61 kannst du dein Wissen zum gesamten Kapitel 6: „Beschreibende Statistik" testen.

Terme und einfache Gleichungen

Terme

▶ Grundwissen

Sinnvolle Rechenausdrücke mit Zahlen, Variablen (Platzhaltern), Rechenzeichen bzw. Klammern nennt man Terme. Sie können auch nur aus einer Zahl oder Variablen bestehen.
Die Relationszeichen wie „=", „≠", „<", „≥", … kommen in Termen nicht vor.

Beispiele und Gegenbeispiele:

| $5 \cdot x$ | $12x - 4y - 4$ | $12x - 4y = 0$ | $3,5*$ | $2 < y - 4x$ | $(x \cdot y)^2 - 2$ | 2 |
| 7 Autos | $a + b + c - d + 45$ | $45 :)$ | $(4 + 5)$ | $(78 +)$ | $78 : 4x$ | $4\,m - 4\,dm$ |

Setzt man in einen Term für jede Variable eine Zahl aus dem Definitionsbereich ein, so nimmt der Term einen Wert an.

Beispiel: Wird in $a : 2 + 5b$ für $a = 9$ und für $b = 2$ eingesetzt, so ist der Wert des Terms 14,5, denn $9 : 2 + 5 \cdot 2 = 14,5$.

Terme heißen wertgleich oder äquivalent, wenn sie für alle Zahlen aus den Grundmengen der Variablen den gleichen Wert ergeben. Zwischen äquivalente Terme darf man ein Gleichheitszeichen schreiben.

▶ **Auftrag:** Markiere die Ausdrücke, die Terme sind.

Trainieren und Festigen

1 Unterstreiche die Ausdrücke, die keine Terme sind.
Ergänze sie, wenn möglich, sodass Terme entstehen.

a) $x - 4 + y$
b) $13 \cdot (x -$
c) $4 - d = 7 +$
d) $\frac{a}{2} +$
e) $x + 15$
f) $\cdot 23 - 18$
g) $x : 4 + y$
h) $x : 4 + y =$

2 Gegeben sind drei Stecken mit den Längen $a = 2\,cm$, $b = 3\,cm$ und $c = 4,5\,cm$.
Stelle die folgenden Terme dar, indem du die Strecken hintereinander (aneinander) zeichnest.

a) $a + 2 \cdot b$

b) $a + b + c$

c) $2 \cdot c + a$

3 Berechne die Termwerte zu den gegebenen Werten für x.

	$4 \cdot x$	$x + 7$	$x - 2$	$3 \cdot x + 5$
Wert des Terms für $x = 2$				
Wert des Terms für $x = -2$				
Wert des Terms für $x = 0$				
Wert des Terms für $x = -1$				

4 Bilde mithilfe der Karten Paare äquivalenter Terme. $a + b$ $b + a$ $2a$ $a \cdot b$ $a + a$ $b + 2a - b$

Anwenden und Vernetzen   Terme **49**

Anwenden und Vernetzen

5 Streichholzmuster

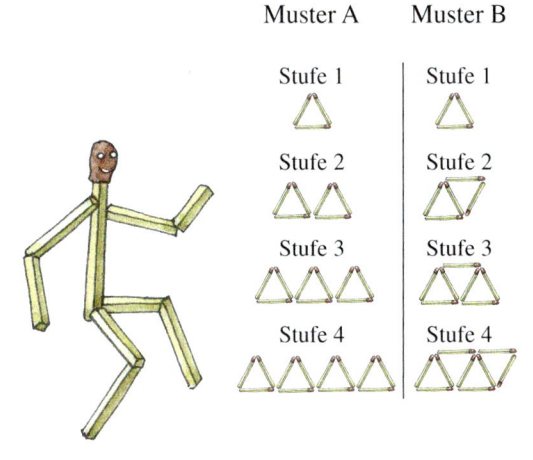

a) Wie viele Streichhölzer braucht man jeweils für die Stufe 5?

_____

b) Bis zu welcher Stufe können die Muster gelegt werden, wenn man 50 Streichhölzer hat?

_____

c) Welcher der Terme ist zur Berechnung der Gesamtzahl der benötigten Hölzer von Stufe n geeignet?
Kreuze diese an.

Muster A
☐ $3 \cdot n$ ☐ n

Muster B
☐ $2 \cdot n + 1$ ☐ $3 + n$

Muster A   Muster B
Stufe 1   Stufe 1
Stufe 2   Stufe 2
Stufe 3   Stufe 3
Stufe 4   Stufe 4

6 Ein Quadrat wird immer so durch kleine Quadrate ergänzt, sodass ein größeres Quadrat entsteht.

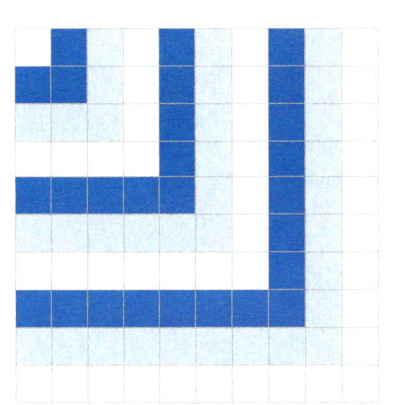

a) Wie viele kleine Quadrate werden für das n-te Quadrat insgesamt benötigt? Gib einen Term zur Berechnung an.

_____

b) Wie viele kleine Quadrate sind an ein Quadrat anzulegen, um das nächstgrößere $(n + 1)$-te Quadrat zu erhalten? Gib einen Term an.

_____

7 Rechenbäume

a) Übersetze die Rechenbäume in Terme.

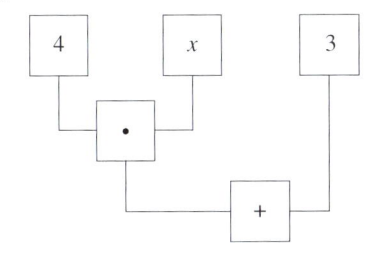

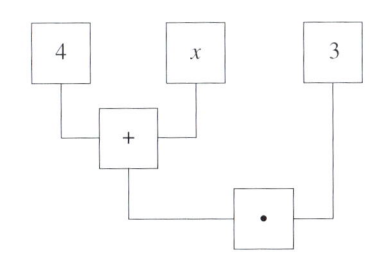

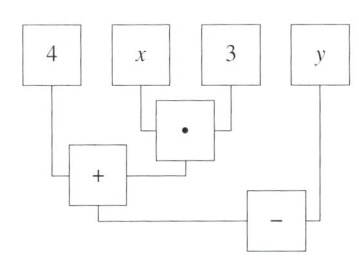

[Rechenbaum 1: 4, x, 3 → · → +]
[Rechenbaum 2: 4, x, 3 → + → ·]
[Rechenbaum 3: 4, x, 3, y → · und + → −]

_____

b) Zeichne zu jedem Term einen passenden Rechenbaum.

[5]   [a]   [7]   [5]   [7]   [a]   [5]   [a]   [7]

$5 \cdot a - 7$ $5 - 7 \cdot a$ $5 \cdot (a - 7)$

c) Vergleiche die Werte der Terme bei **b** für $a = 5$.

_____

_____

50 Terme und einfache Gleichungen — Trainieren und Festigen

Termumformungen

▶ **Grundwissen**

Alle Termumformungen dürfen am Wert des Terms nichts ändern.

In Summen und Differenzen kann man Vielfache gleicher Variablen zusammenfassen. Dabei werden die Koeffizienten addiert bzw. subtrahiert.

In Produkten aus Zahlen und Variablen kann man die Koeffizienten und die Variablen getrennt miteinander multiplizieren.

Beispiele: $7d + 5d - 4d + 2h =$ _____

$2d \cdot 4h \cdot 3 =$ _____

▶ **Auftrag:** Vervollständige die Beispiele.

Trainieren und Festigen

1 Die Figuren wurden mithilfe einer Schablone in einem Zug im Uhrzeigersinn gezeichnet. Beschreibe jeweils zuerst mithilfe eines Terms die zurückgelegte Strecke und fasse danach zusammen.

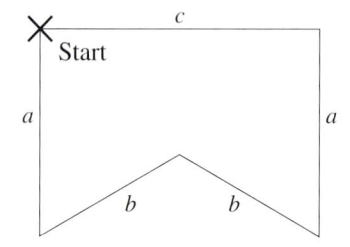

a) $c + a + b + b + a$

b)

c)

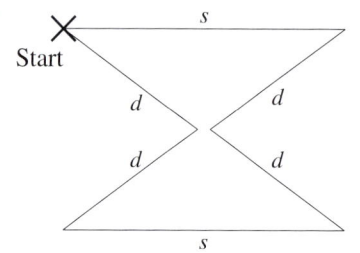

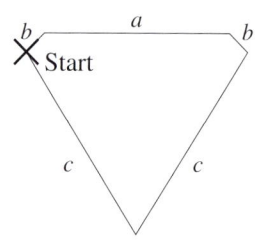

2 Fasse, wenn möglich, zusammen.

a) $8a + 2a - 2a =$

b) $7x - 3x + 18 =$

c) $11b - 2b - 3 + b =$

d) $27m + 13 - 4m + 15 =$

e) $x + a + b + 3x =$

f) $12x^2 - 2b + 6x^2 - 8b =$

g) $1{,}4x + 2{,}4x =$

h) $3x^2 + 3y^2 + 3z^3 =$

i) $5 + y^2 - 15 =$

j) $3o + 4p + 14o =$

k) $a + a + b + c + b =$

l) $d + d + a - 2d + 3a - 4a =$

m) $7 + 4x - 11 + 5y =$

n) $-1x + 5y - 4x - 1y - 1y =$

o) $6{,}2x + 8{,}1y + 1{,}3x =$

p) $ab + 4g - 4ab - 3g + 1 =$

q) $xy - 4x - 5xy - 11xy =$

r) $12g + 3{,}5k - 1{,}2 =$

s) $2a \cdot 7b =$

t) $5s \cdot 7t + 2s =$

Anwenden und Vernetzen   Termumformungen 51

Anwenden und Vernetzen

3 Finde jeweils zwei Terme zur Berechnung des Umfangs und des Flächeninhalts der Figuren.
Hinweis: Mithilfe zusätzlicher Beschriftungen und eingezeichneter Hilfslinien geht es leichter.

a) Rechteck mit Seiten y und x.

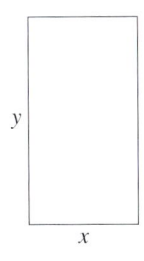

b) L-Form mit Beschriftungen z, $y-z$, $x-z$, y, z, x.

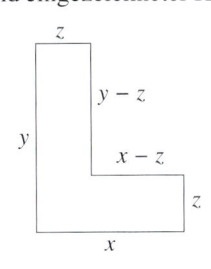

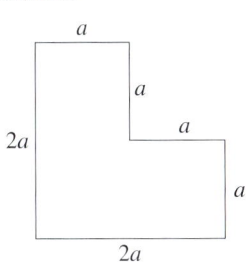

c) L-Form mit Beschriftungen a, a, a, $2a$, a, $2a$.

Umfang: _____   Umfang: _____   Umfang: _____

Flächeninhalt: _____   Flächeninhalt: _____   Flächeninhalt: _____

4 Mascha ging mit Caro auf einen Rummel. Jede von beiden fuhr zweimal mit dem Karussell und dreimal mit der Achterbahn. Zum Schluss kaufte sich jede einen Bratapfel. Eine Fahrt mit dem Karussell kostete pro Person 1,50 € und mit der Achterbahn 2,00 €. Die Bratäpfel gab es für insgesamt 3,20 €.
Stelle einen Term zur Berechnung der Gesamtkosten auf und berechne damit die Gesamtkosten.

_____

_____

5 Die Klassenfahrt der 7c soll geplant werden. Der Bus kostet 36 € pro Person einfache Fahrt.
Für die Unterkunft werden 60 € pro Schüler für 5 Übernachtungen incl. Halbpension berechnet.

a) Stelle einen Term auf, mit dem man die Kosten der Klassenfahrt berechnen kann.
   Gib die Bedeutung der Variablen an.

   _____

   _____

b) Berechne die Kosten bei 24 Schülern.

   _____

   _____

c) Für die Klassenfahrt soll jeder 155 € auf das Klassenkonto überweisen. Ist dies sinnvoll?

   _____

   _____

   _____

52 Terme und einfache Gleichungen — Trainieren und Festigen

Inhaltliches Lösen von Gleichungen

▶ **Grundwissen**

Setzt man in eine Gleichung für die Variable eine Zahl ein, so entsteht eine wahre oder eine falsche Aussage. Jede Zahl, die zu einer wahren Aussage führt, nennt man Lösung der Gleichung. Lösungen kann man z. B. durch systematisches Probieren und Überlegen finden. Alle Lösungen einer Gleichung bilden zusammen deren Lösungsmenge L.

$2x - 1 = 7$ $\qquad L = \{\_\_\_\_\}$

$y \cdot y + 5 = 9$ $\qquad L = \{\_\_\_\_\}$

▶ **Auftrag:** Überprüfe im Kopf, ob $-4; -2; 2; 4$ Lösungen der Gleichungen sind. Ergänze die Lösungsmengen.

Trainieren und Festigen

1 Setze in die Gleichungen für die Variablen die gegebenen Zahlen ein.
Kreuze jeweils an, ob eine wahre bzw. falsche Aussage entsteht.
Ergänze unten die Lösungsmenge.

	$10 \cdot x - 7 = 43$	$x + 30 = 41$	$4 - x = 7 + 2 \cdot x$
$x = 11$	$10 \cdot 11 - 7 = 43$ $103 = 43$ ☐ wahr ☒ falsch	☐ wahr ☐ falsch	☐ wahr ☐ falsch
$x = 7$	☐ wahr ☐ falsch	☐ wahr ☐ falsch	☐ wahr ☐ falsch
$x = 5$	☐ wahr ☐ falsch	☐ wahr ☐ falsch	☐ wahr ☐ falsch
$x = -1$	☐ wahr ☐ falsch	☐ wahr ☐ falsch	☐ wahr ☐ falsch
	$10 \cdot x - 7 = 43$ $L = \{\_\_\_\}$	$x + 30 = 50 - 9$ $L = \{\_\_\_\}$	$4 - x = 7 + 2 \cdot x$ $L = \{\_\_\_\}$

2 Welche Zahl muss eingesetzt werden, damit die Aussage wahr ist?

a) $y - 7 = 35$ $\qquad$ b) $100 + x = 220$ $\qquad$ c) $14 \cdot a = 28$ $\qquad$ d) $k : 2 = 3$

 $y = \_\_\_\_$ $\qquad$ $x = \_\_\_\_$ $\qquad$ $a = \_\_\_\_$ $\qquad$ $k = \_\_\_\_$

e) $f - 4 = 8$ $\qquad$ f) $g + 2 = 2$ $\qquad$ g) $b \cdot 5 = 20$ $\qquad$ h) $30 : d = 5$

 $f = \_\_\_\_$ $\qquad$ $g = \_\_\_\_$ $\qquad$ $b = \_\_\_\_$ $\qquad$ $d = \_\_\_\_$

3 Sind die angegebenen Lösungen richtig? Kreuze an.

a) $7a - 2 = 6a + 3$ $\qquad$ Lösungen: 5 $\qquad$ ☐ richtig $\qquad$ ☐ falsch
b) $1b + 7b = 9 - 1b$ $\qquad$ Lösungen: 2 $\qquad$ ☐ richtig $\qquad$ ☐ falsch
c) $45 : 5c = 9$ $\qquad$ Lösungen: 1 $\qquad$ ☐ richtig $\qquad$ ☐ falsch
d) $x^2 + 1 = 5$ $\qquad$ Lösungen: 2; -2 $\qquad$ ☐ richtig $\qquad$ ☐ falsch

Anwenden und Vernetzen   Inhaltliches Lösen von Gleichungen   **53**

Anwenden und Vernetzen

4

Taschen: $4x - 7 < 13$; $3x + 9 > 24$; $6x - 4 < 50$

a) Binde die Luftballons mit den Lösungen der Ungleichungen an die richtige Tasche.
   Hinweis: Mehrere Luftballons bleiben übrig, die Summe der darin enthaltenen Zahlen ist 26.
b) Ersetze jeweils „<" bzw. „>" durch „=". Schreibe die entstandenen Gleichungen und deren Lösungen auf.

---

5 Bilde jeweils drei Gleichungen, die die angegebene Lösungsmenge haben.
Hinweis: Kontrolliert die Gleichungen gegenseitig.

$L = \{10\}$ ____

$L = \{5\}$ ____

$L = \{0\}$ ____

6 Zum Einzäunen der abgebildeten Pferdekoppel stehen 80 m Zaun zur Verfügung.

Bestimme x.

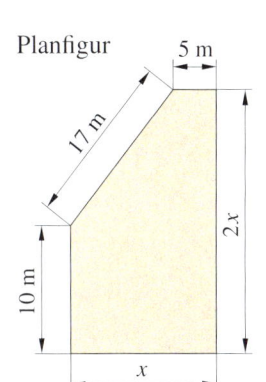

Planfigur: 5 m, 17 m, 10 m, $2x$, x

7 Formuliere zu den gegebenen Zusammenhängen Gleichungen und gib deren Lösungen an.

a) Ich denke mir eine Zahl. Addiere ich zu ihr 17, erhalte ich 29.

b) Subtrahiere ich von einer gedachten Zahl 5, bleiben 36 übrig.

c) Addiere ich zu einer Zahl ihr Doppeltes, ist das Ergebnis 27.

Terme und einfache Gleichungen

Rechnerisches Lösen von Gleichungen

▶ **Grundwissen**

Gleichungen kann man mithilfe von Äquivalenzumformungen lösen.
- Ordnen und Zusammenfassen auf einer Seite vom Gleichheitszeichen ☐ wahr ☐ falsch
- Addieren oder Subtrahieren desselben Terms (außer 0) auf beiden Seiten ☐ wahr ☐ falsch
- Multiplizieren oder Dividieren mit demselben Term (außer 0) auf beiden Seiten ☐ wahr ☐ falsch
- beliebiges Austauschen der Rechenoperationen auf beiden Seiten ☐ wahr ☐ falsch
- Vertauschen beider Seiten ☐ wahr ☐ falsch

▶ **Auftrag:** Kreuze an, ob die angeführten Umformungen Äquivalenzumformungen sind.

Trainieren und Festigen

1 Wie viele ○ entsprechen x? Veranschauliche die Lösungsschritte und notiere passende Gleichungen.

a) $2x + 5 = 11 \quad | -5$

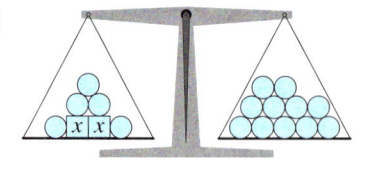

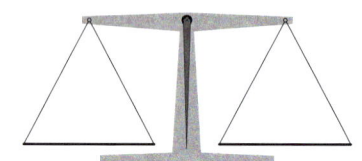

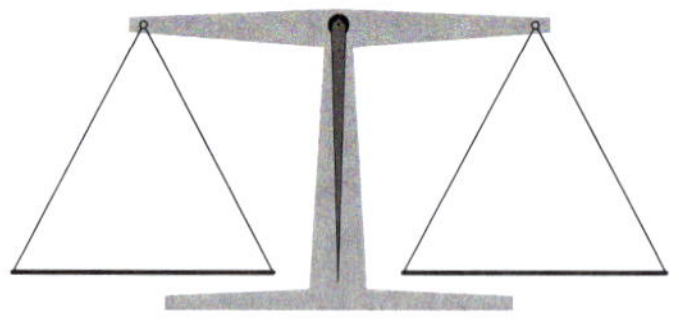

b)

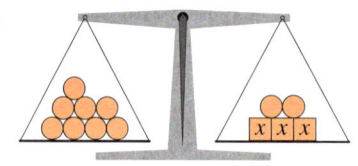

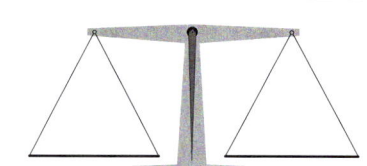

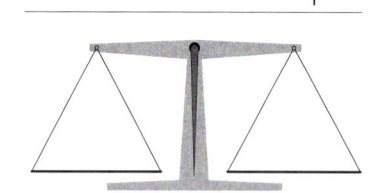

c)

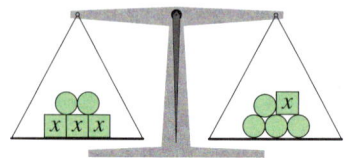

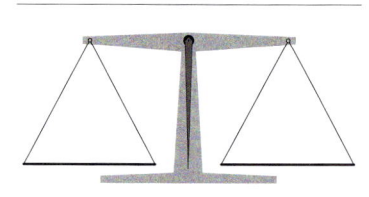

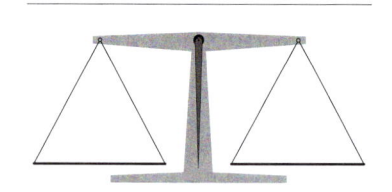

2 Gib jeweils die ausgeführten äquivalenten Umformungen an.

a) $5x + 9 = 37 + x \quad | -x$
$4x + 9 = 37 \quad |\_\_\_$
$4x = 28 \quad |\_\_\_$
$x = 7$

b) $6x - 3 = 10 + x - 3 \quad |\_\_\_$
$5x - 3 = 7 \quad |\_\_\_$
$5x = 10 \quad |\_\_\_$
$x = 2$

c) $9 - 5x + 6 = -10x + 10 \quad |\_\_\_$
$15 + 5x = 10 \quad |\_\_\_$
$5x = -5 \quad |\_\_\_$
$x = -1$

3 Ermittle die Lösungsmengen.

a) $7x - 5 = 16 \quad | +5$

$L =$

b) $7x + 10 - 3x = 26 \quad |\_\_\_$

$L =$

c) $13 = 5x - 3 + 3x \quad |\_\_\_$

$L =$

Anwenden und Vernetzen

4 Auf einem Bauernhof leben dreimal so viele Hühner wie Schweine. Außerdem gibt es noch sechs Ziegen. Anton hat aus Spaß die Beine aller Tiere gezählt, es sind 114. Ermittle mithilfe einer Gleichung, wie viele Hühner und Schweine es gibt.

5 Vier Schülerinnen unterhalten sich über ihr Alter.
Wie alt sind Janne und die anderen?

IN 9 JAHREN BIN ICH DOPPELT SO ALT WIE JANNE JETZT.

ICH BIN JULE UND DREI JAHRE ÄLTER ALS JANNE.

ZUSAMMEN SIND WIR 57, UND ICH BIN DIE JÜNGSTE.

JULE UND ICH SIND ZWILLINGE.

6 Berechne den Umfang der folgenden Figuren für $a = 1\,\text{cm}$; $a = 5\,\text{m}$ bzw. $a = 10\,\text{mm}$. Stelle zunächst eine Gleichung zur Berechnung von a auf.

a) $u = \underline{\qquad}$

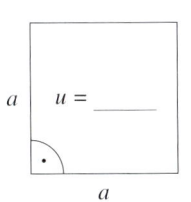

b) $u = \underline{\qquad}$

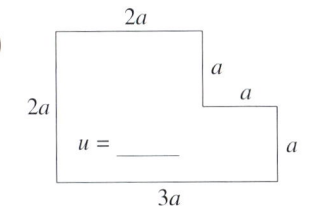

c) $u = \underline{\qquad}$

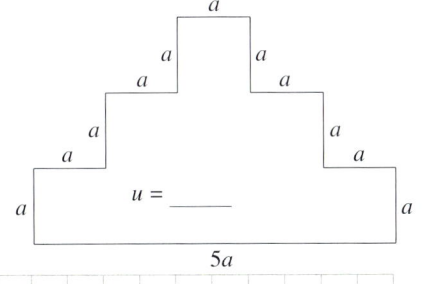

Wichtig: Auf Seite 62 kannst du dein Wissen zum gesamten Kapitel 7: „Terme und einfache Gleichungen" testen.

Tests

Teste dein Wissen!

1 Streiche jeweils höchstens zwei Wertepaare, sodass eine proportionale oder eine antiproportionale Zuordnung vorliegt. Gib danach die Art der dann vorliegenden Zuordnung an.

a) _____ Zuordnung

x	4	7	10	24	50	70
y	7	17,5	25	80	125	175

b) _____ Zuordnung

x	2	8	12	40	50	75
y	100	25	15	5	4	2,5

2 Ein Band wurde in fünf 48 cm lange Stücke zerschnitten.

a) Wie lang ist ein Viertel des langen Bandes?

b) Ergänze das Diagramm. Entscheide, ob es sinnvoll ist, die Punkte miteinander zu verbinden?

3 Fortbewegung mit …

a) Ergänze die Tabelle zu einer proportionalen Zuordnung und veranschauliche diese im Koordinatensystem.

Weg	Zeit
45 km	30 min
	10 min
3 km	
	40 min
150 km	
	2 h

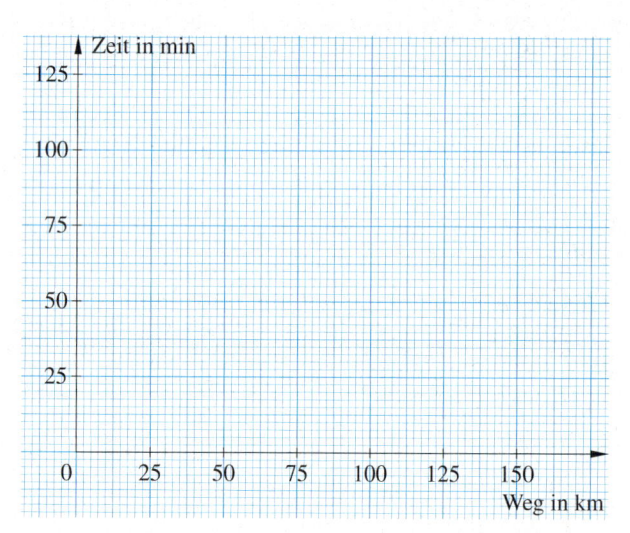

b) Unter welcher Voraussetzung ist die Zuordnung *Weg → Zeit* proportional?

c) Welche der Rennstrecken passt am besten zum Diagramm bei Teilaufgabe **b**? Begründe deine Entscheidung.

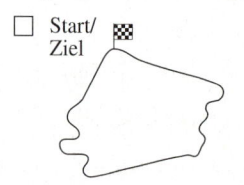

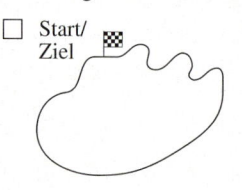

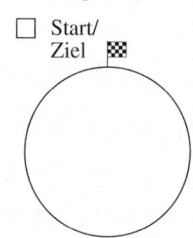

☐ Start/Ziel   ☐ Start/Ziel   ☐ Start/Ziel

Teste dein Wissen   Kapitel 2: Rationale Zahlen **57**

Teste dein Wissen!

1 Welche Zahlen gehören zu den farbig markierten Stellen?

```
────────┼────────┼────────┼────────┼────────▶
       -1        0        1       1,5
```

2 Trage folgende Punkte ins Koordinatensystem ein. Verbinde die Punkte in alphabetischer Reihenfolge und den Punkt H mit dem Punkt A.

$A(-3; -1,5)$ $B(4; -1,5)$ $C(4; -0,5)$
$D(2,5; -0,5)$ $E(2,5; 2)$ $F(-1,5; 2)$
$G(-1,5; -0,5)$ $H(-3; -0,5)$

Was erhältst du?

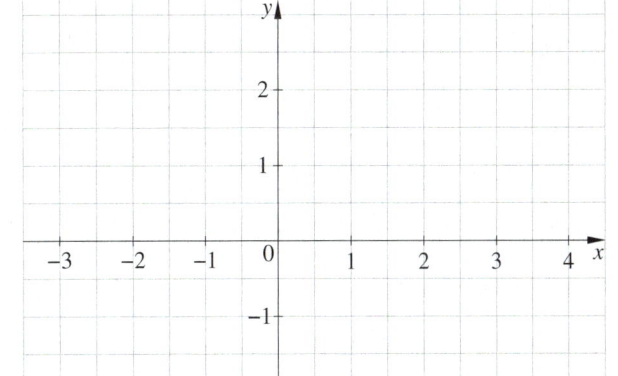

_____

3 Ergänze die Tabelle.

alte Temperatur			-2 °C	-7 °C	2 °C	
neue Temperatur	1 °C			-3 °C		-1,5 °C
Temperaturveränderung	6 °C kälter	4 °C wärmer		7 °C kälter		4 °C kälter

4 Fülle die Tabellen aus. In der ersten Spalte stehen die Minuenden (bzw. Dividenden) und in der ersten Zeile die Subtrahenden (bzw. die Divisoren).

−	19		23
7		52	
−11			
−1,5			3

:	10		8
-4		2	
−0,7			
$\frac{7}{2}$			12,25

5 Setze jeweils die fehlenden Klammern.

a) $15 + 7 - 33 + 41 = -52$ b) $-5 - 4 \cdot 3 - 12 - (-7) = -46$

6 Das Teppichmuster besteht aus 12 kleinen Dreiecken. Jeweils vier davon bilden ein größeres Vierer-Dreieck. Finde jeweils die passenden Dreiecke.

a) Die Summe der Zahlen in einem Vierer-Dreieck ist −2,25.

$-2,25 =$ _____ + _____ + _____ + _____

b) Das Produkt der Zahlen in einem Vierer-Dreieck ist −21.

$-21 =$ _____ · _____ · _____ · _____

c) Das Ergebnis der Zahlen in einem Vierer-Dreieck ist −11.

$-11 =$ _____ − _____ : _____ · _____

Teste dein Wissen!

1 Ermittle die Größen der Winkel.

a) g ∥ h, s ∥ t

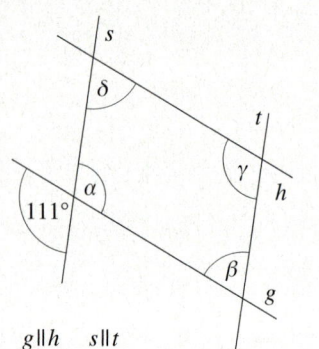

$\alpha = $ _____

$\beta = $ _____

$\gamma = $ _____

$\delta = $ _____

b)

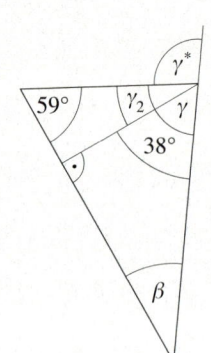

$\beta = $ _____

$\gamma = $ _____

$\gamma_2 = $ _____

$\gamma^* = $ _____

2 Zeichne das Dreieck ABC mit den Eckpunkten A(3; 2), B(12; 5) und C(6; 10) in das Koordinatensystem. Bestimme die Koordinaten der Mittelpunkte von Umkreis M_u und Inkreis M_i sowie des Schwerpunktes S des Dreiecks.

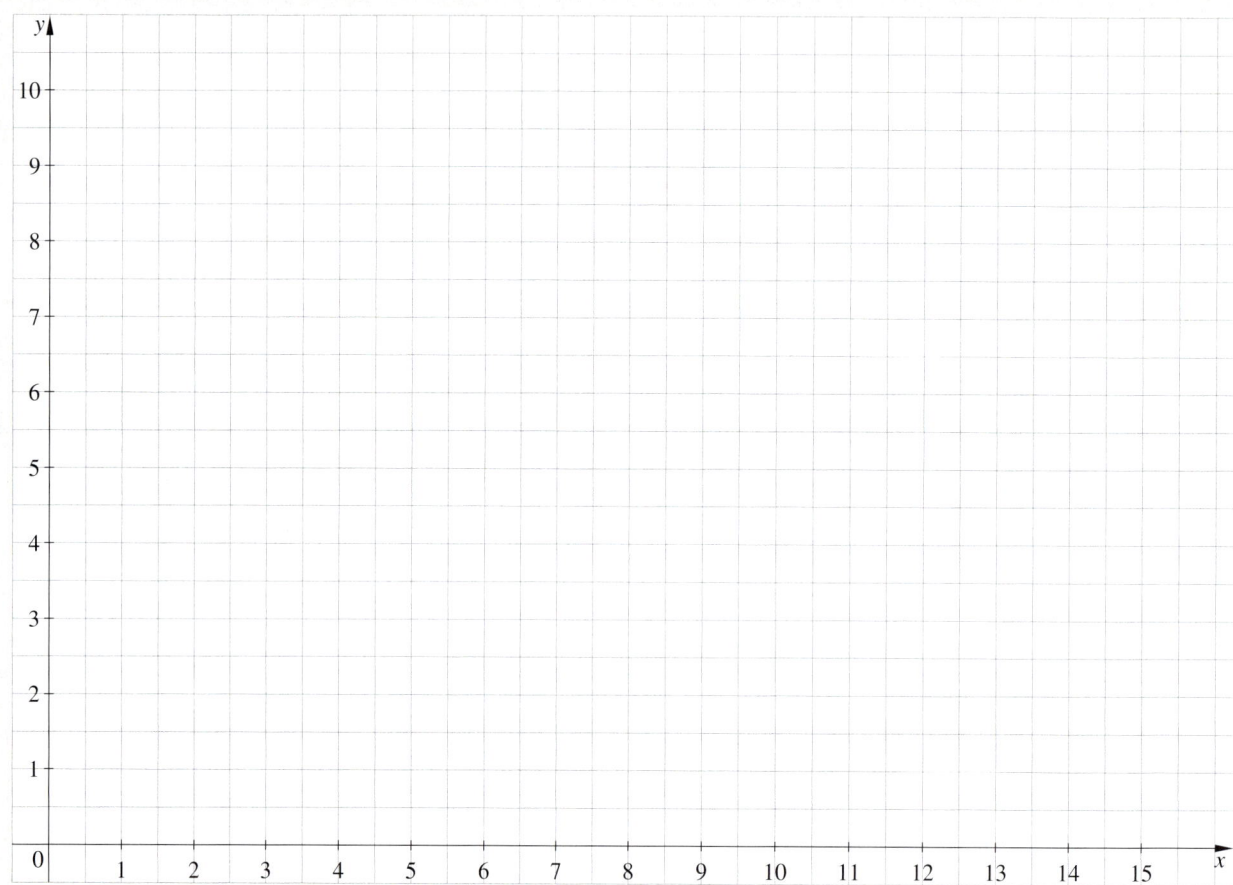

3 Die Häuser von Familie Gemütlich und Familie Bequemlich stehen 800 m von der Kreuzung an der Dorfkirche entfernt. Frau Gemütlich ruft Frau Bequemlich an und sagt, dass sie sich noch einmal treffen müssen. Natürlich wollen beide gleich weit gehen, aber jede maximal 300 m. Ermittle in einer Zeichnung im Maßstab 1 : 100 alle möglichen Treffpunkte.

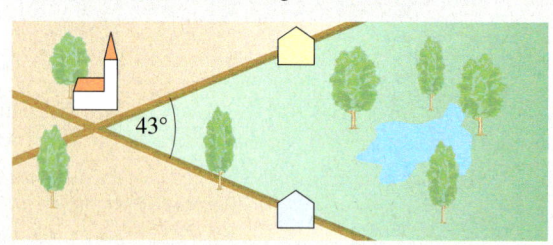

Teste dein Wissen!

1 Gib jeweils den Anteil der dunkler eingefärbten Teile in Prozent an.

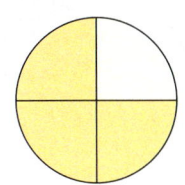

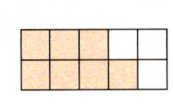

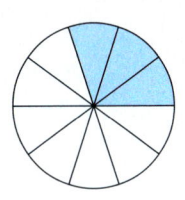

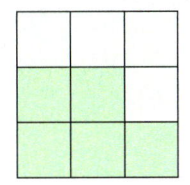

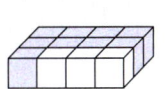

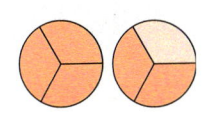

_____ _____ _____ _____ _____ _____

2 Sechs unterschiedlich alte Geschwister nahmen an einem Wissenstest für verschiedene Altersklassen teil. Berechne, wie viel Prozent der Fragen jeder richtig beantwortete, und erstelle eine Rangliste.

	Nora	Resi	Lea	Bert	Ralf	Ole
richtige Antworten	3 von 15	27 von 30	9 von 12	4 von 8	4 von 6	3 von 12
Prozentsatz richtiger Antworten						
Platz in der Rangliste						

3 Zum Schlussverkauf reduziert ein Verkäufer Preise. Ergänze die Tabelle.

	Preissenkung in Euro	Preissenkung in Prozent	alter Preis	neuer Preis
Hosen			79,50 €	58,83 €
Röcke		20 %	45,50 €	
Hemden	9,00 €	15 %		
Pullover	12,21 €			43,29 €
T-Shirts		14 %	25,00 €	

4 Ein Sportverein hat insgesamt 460 Mitglieder. Jedes davon ist genau einer Abteilung zugeordnet. 92 gehören zur Fußballabteilung und 30 % zur Handballabteilung. Die Anzahl der Leichtathleten ist doppelt so groß wie die der Fußballer. Die restlichen Mitglieder sind Schwimmer.
Veranschauliche die Zusammensetzung des Sportvereins in einem Kreisdiagramm.

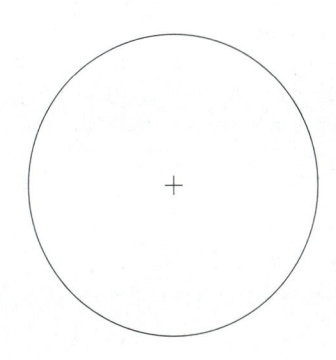

Kapitel 5: Konstruktion von Dreiecken

Teste dein Wissen!

1 Zueinander kongruente Dreiecke

  a) Male zueinander kongruente Dreiecke jeweils mit derselben Farbe aus.

  b) Zeichne zwei (nicht mehr!) Strecken so ein, dass zehn zueinander kongruente Dreiecke entstehen.

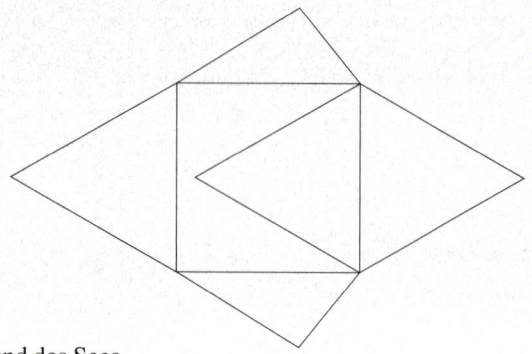

2 Ermittle mithilfe maßstäblicher Zeichnungen die Breite des Flusses und des Sees. Nenne jeweils den Kongruenzsatz, nach dem die Konstruktion eindeutig ausführbar ist.

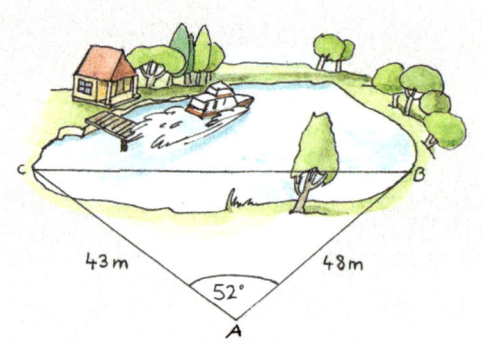

Maßstab 1 : 200 _____

Maßstab 1 : 100 _____

3 Zeichne jeweils das Dreieck ABC und nenne den Kongruenzsatz, nach dem alle Dreiecke mit den gegebenen Maßen zueinander kongruent sind.

  a) $a = 6$ cm; $b = 5$ cm; $c = 6{,}5$ cm _____

  b) $a = 4$ cm; $b = 5{,}5$ cm; $\beta = 75°$ _____

Teste dein Wissen!

1 In einem Stängel-Blatt-Diagramm wurden die Punkte eines Basketballspielers pro Spiel im Laufe einer Saison festgehalten.

0	5; 6; 7; 8; 9
1	0; 2; 3; 4; 5; 8
2	0; 1

a) Zeichne ein passendes Boxplot.

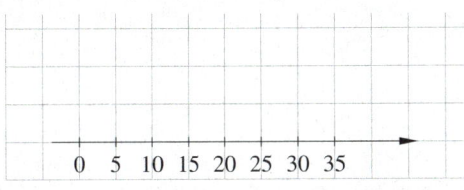

b) Ermittle das arithmetische Mittel der Werte.

_____

2 Ordne, wenn möglich, jeweils die Spannweite und den Zentralwert zu.

natürliche Zahlen von 4 bis 10	ganze Zahlen von 5 bis 12	ganze Zahlen von −10 bis −2	Zahlen $-\frac{1}{2}; -\frac{1}{4}; -\frac{1}{6}; 0; \frac{1}{4}$ und $\frac{1}{3}$	rationale Zahlen von −10 bis 1

Spannweite: 6	Spannweite: $\frac{5}{6}$	Spannweite: 8	Spannweite: 7	Spannweite: 5

Zentralwert: 8,5	Zentralwert: −6	Zentralwert: −7	Zentralwert: 7	Zentralwert: $-\frac{1}{12}$

Notiere zu den übrig bleibenden Angaben eine passende Datenmenge mit 4 Werten. _____

3 In einer 7. Jahrgangsstufe wurde eine Klassenarbeit geschrieben.

Note	Anzahl
1	5
2	15
3	30
4	35
5	8
6	7

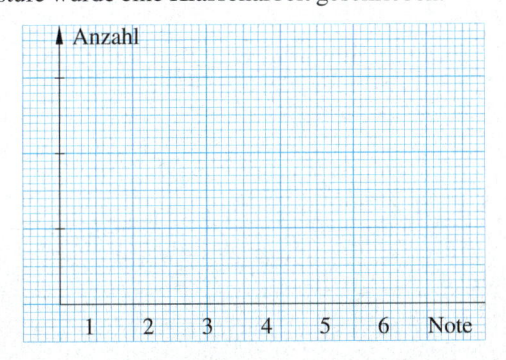

a) Stelle das Ergebnis in einem Säulendiagramm und einem Boxplot dar.

b) Zwei Schülerinnen und drei Schüler waren am Tag der Klassenarbeit krank. Deshalb sind folgende Ergebnisse noch nicht in der obigen Notenverteilung enthalten. 3; 4; 4; 5; 6
Ermittle den Zentralwert, die Spannweite, den Modalwert und das arithmetische Mittel der Notenverteilungen mit und ohne Nachschreiber. Zeichne ein Boxplot zur Notenverteilung mit Nachschreibern. Was fällt dir auf?

_____

_____

_____

_____

Kapitel 7: Terme und einfache Gleichungen

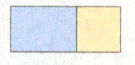

Teste dein Wissen!

1 Trage die Lösungen und die zu den Lösungen gehörenden Buchstaben in die vorgegebenen Kästchen ein.
$11 \hat{=} A$; $12 \hat{=} B$; …; $38 \hat{=} Z$
Sind alle Lösungen richtig, erhältst du den Titel eines Buches.
Gibt es mehrere Lösungen, ist die „gewünschte" zu erraten.

	1	2	3	4	5	6	7	8	9
1	A	B	C	D	E	F	G	H	I
2	J	K	L	M	N	O	P	Q	R
3	S	T	U	V	W	X	Y	Z	

$2x - 1 = 35$ $x(x + 1) = 132$ $x - 50 = -21$ $377 : x = 13$

$(x - 2) \cdot 8 = 280$ $\frac{2}{3} \cdot x = 18$ $x^2 = 676$ $2x - 48 = 16$

$x^2 = 32x$ $30 - x = x$ $1 - x + 2x = 30$ $3x + 12 = 111$

$x^2 - 40 = 585$ $5x - 28 = 3x$ $x^3 = x^2 \cdot 14$ $(50 - x) \cdot 2 = 70$

$(31 - x) : 4 = \frac{1}{2}$ $2x + 5 = 67$ $2^7 = 4x$ $(45 : x)^3 = 27$

$(23 - x)^2 = 16$ $4\sqrt{x} + 5 = x$ $x - 4 = \frac{1}{2}x + 3$ $x^3 : x^2 = 15$

$(5 - x) : 4 = -6$ $100 - 2x = x - 5$ $x : x = 16 - x$ $(x - 1)^2 = 324$

$x(x - 1) = 930$ $(x : 10)^2 = 2{,}25$ $(x + 5) \cdot (x - 5) = 600$

2 Markiere gegebenenfalls die Fehler und gib die Lösungsmengen an.

a) $9y = 5 - 3y + 7$ | ____
    $12y = 12$ | ____
    $y = 1$

b) $5x + 7 - 3x = 15$ | ____
    $2x = 15$ | ____
    $x = 7{,}5$

3 Lisa möchte mit zwei Freundinnen zelten. 18,00 € sind pro Übernachtung für ein Zelt und drei Personen zu zahlen. Die Hin- und Rückfahrt kostet 20,00 € pro Person. Für die tägliche Verpflegung planen sie 10,00 € pro Person ein. Die Mädchen haben insgesamt 450,00 € zur Verfügung. Wie oft können sie höchstens auf dem Zeltplatz übernachten?

4 Aus dem quadratischen Stück Pappe, mit 30 cm langen Seiten, soll eine oben offene Schachtel hergestellt werden. Dazu werden an den vier Ecken kleine Quadrate der Länge x ausgeschnitten. Danach wird die Pappe entlang der gestrichelten Linien nach oben gebogen.

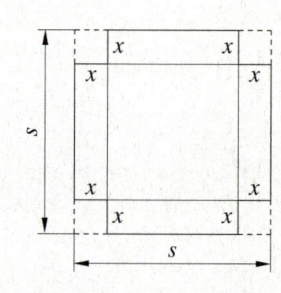

a) Stelle einen Term zur Berechnung des Volumens der Schachtel auf.

b) Berechne das Volumen der Schachtel für $x = 10$ cm.

c) Kann daraus eine Schachtel mit einem Volumen von 2 000 cm³ hergestellt werden?

Jahrgangsstufentest

Teste dein Wissen!

1 Ergänze die Tabellen.
Rechne, wenn nötig, auf einem zusätzlichen Blatt.

a) proportionale Zuordnung

x	8	16	80		
y	2			5	0,1

b) antiproportionale Zuordnung

x	8	32	4		
y	2			0,2	120

2 Trage die fehlenden Dezimalzahlen ein.
In der ersten Spalte stehen die Minuenden (bzw. Dividenden) und in der ersten Zeile die Subtrahenden (bzw. Divisoren).

−		1,2		31	
7			30		
−0,9				−0,4	

:		10		5	
−1,8			0,6		
$\frac{6}{5}$					3

3 Drei Geschwister sind zusammen 38 Jahre alt. Arnika ist doppelt so alt wie Lea, während Ole 6 Jahre älter als Lea ist.
Ermittle mithilfe einer Gleichung, wie alt die Geschwister sind.

4 Trage rechts die Ergebnisse ein.

Senkrecht
- a: 10% von 123
- b: So viel Prozent sind 66 von 600.
- c: 42,96 sind 120% davon.
- d: 50% von 16 095
- e: Zu 50 000 kommen 12,4% hinzu.
- f: 8 520,3 sind 30% davon.
- g: Durch 4 geteilt, gibt so viel Prozent.
- h: 20% von 715
- i: Ein Ganzes in Prozent.

Waagerecht
- d: Ergibt um 50% vergrößert 1 222,5.
- h: Die Quersumme ist eine Primzahl.
- j: So viele Ganze sind 500%.
- k: Ein Fünftel sind so viel Prozent.
- l: 5 um 100% vergrößert.
- m: 10,5 sind 30% davon.
- n: 25% davon sind 107.
- o: 12,5% von 50 224
- p: das Fünffache als Prozentsatz
- q: 200 um die Hälfte vergrößert
- r: 15 um ein Drittel verkleinert

5 Zeitungsmeldung mit Fehler?
Über 1 500 Euro hat keines der getesteten Geräte gekostet – die Preise sind innerhalb von 2 Monaten um bis zu 100 Prozent gefallen. Und sie werden weiter sinken!

6 Dreieck

a) Gib entsprechend den Kongruenzsätzen drei Größenangaben vor, die für die Konstruktion dieses Dreiecks ausreichend sind.
Finde mindestens vier Möglichkeiten.

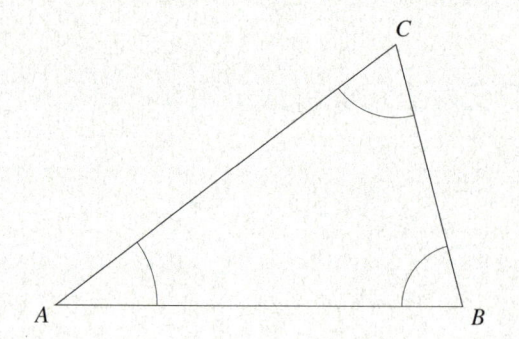

_____

_____

_____

b) Konstruiere den Umkreis des Dreiecks.

7 Im Stängel-Blatt-Diagramm wurden die Größen der Schülerinnen und Schüler einer Klasse in Zentimeter dargestellt.

a) Stelle die Größenverteilung in einem Boxplot dar.

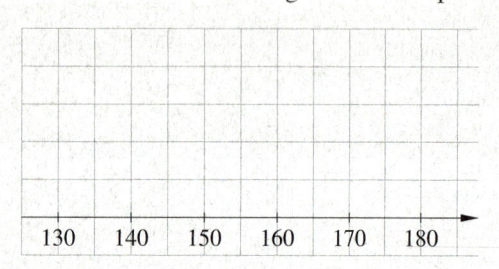

Jungen							Mädchen			
						19				
					1	18				
			7	5	2	17	0	3		
	6	5	2	2	0	16	1	5	6	7
	7	6	5	4	1	15	2	3	7	8
				8	5	14	0	4		
						13	8	9		
						12				

b) Ermittle die Spannweite, die Modalwerte und das arithmetische Mittel der Werte.

_____

8 Trage die gesuchten Begriffe ein. Wenn alles richtig ist, ergeben die Buchstaben in den Kästchen ein Lösungswort.

1. Eine „5-Kennwert-Zusammenfassung" wird auch … genannt.
2. Der Schwerpunkt eines Dreiecks ist der Schnittpunkt der …
3. Zwei Figuren, die zur Deckung gebracht werden können, sind zueinander …
4. … lassen die Lösung einer Gleichung unverändert.
5. Für Dreiecke gibt es … Kongruenzsätze.
6. …, die für rationale Zahlen gelten, gelten auch für Terme.
7. Eine Zuordnung kann mit einer … dargestellt sein.
8. In der Prozentrechnung nennt man den Wert, der 100% entspricht, …
9. In … beträgt die Innenwinkelsumme 180°.
10. Der Mittelpunkt des Inkreises eines Dreiecks ist der Schnittpunkt der …
11. Die Wertepaare einer antiproportionalen Zuordnung sind …

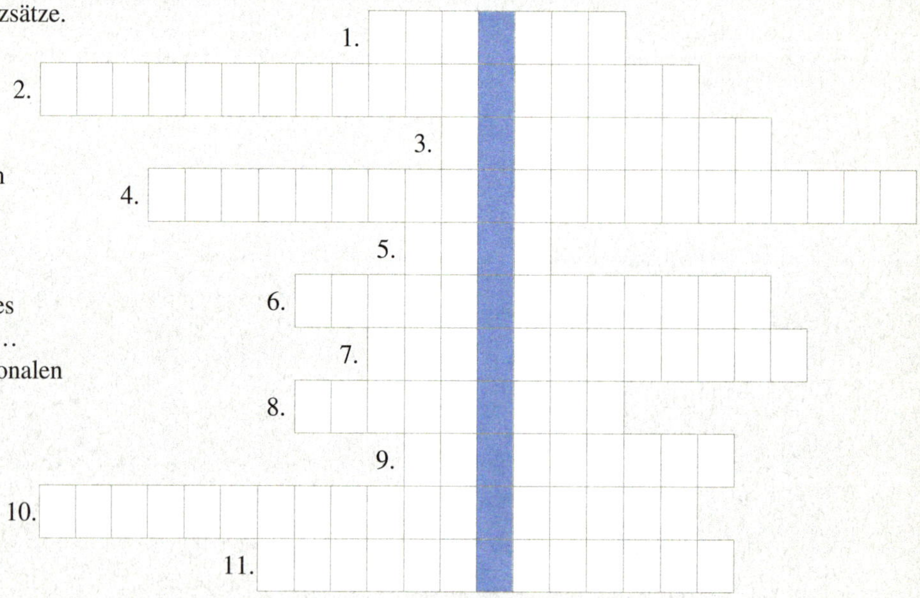